최상위

점프 왕수학

최상위 5%
도약을 위한

최상위

1-2

구성과 특징

왕수학의 특징

1. 왕수학 개념+연산 → 왕수학 기본 → 왕수학 실력 → 점프 왕수학 최상위 순으로 단계별 · 난이도별 학습이 가능합니다.
2. 개정교육과정 100% 반영하였습니다.
3. 기본 개념 정리와 개념을 익히는 기본문제를 수록하였습니다.
4. 문제 해결력을 키우는 다양한 창의사고력 문제를 수록하였습니다.
5. 논리력 향상을 위한 서술형 문제를 강화하였습니다.

STEP 3

왕문제

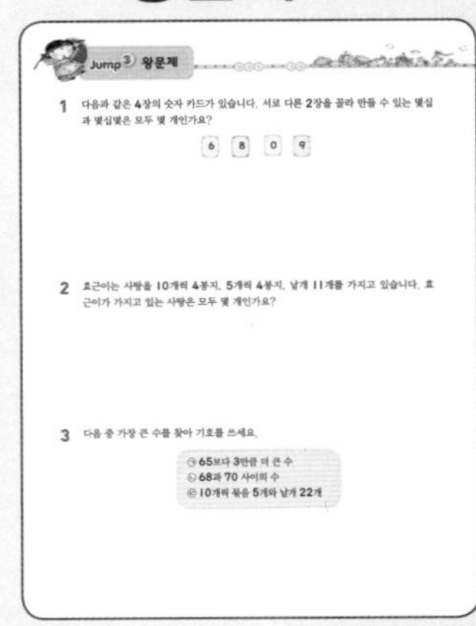

교과 내용 또는 교과서 밖에서 다루어지는 새로운 유형의 문제들을 폭넓게 다루어 교내의 각종 고사 및 경시대회에 대비하도록 하였습니다.

STEP 2

핵심응용하기

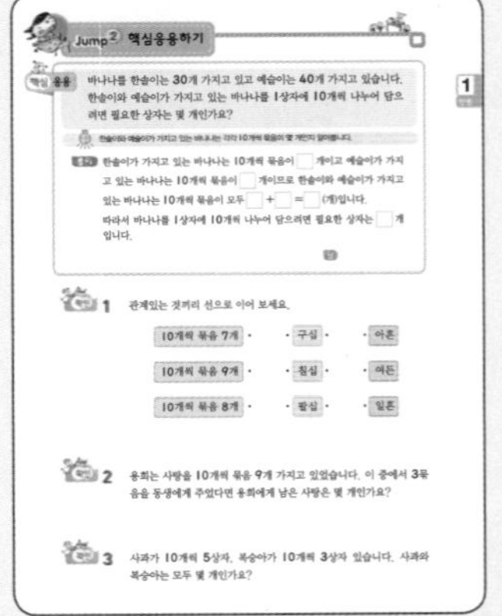

단원의 대표 유형 문제를 뽑아 풀이에 맞게 풀어 본 후, 확인 문제로 대표적인 유형을 확실하게 정복할 수 있도록 하였습니다.

STEP 1

핵심알기

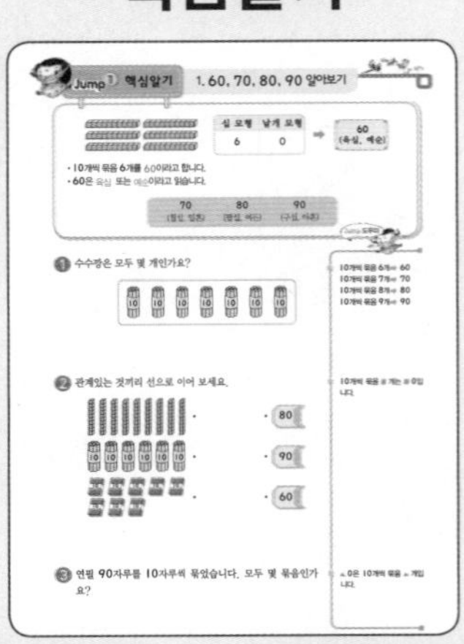

단원의 핵심 내용을 요약한 뒤 각 단원에 직접 연관된 정통적인 문제와 기본 원리를 묻는 문제들로 구성하고 'Jump 도우미'를 주어 기초를 확실하게 다지도록 하였습니다.

STEP 5

영재교육원 입시대비문제

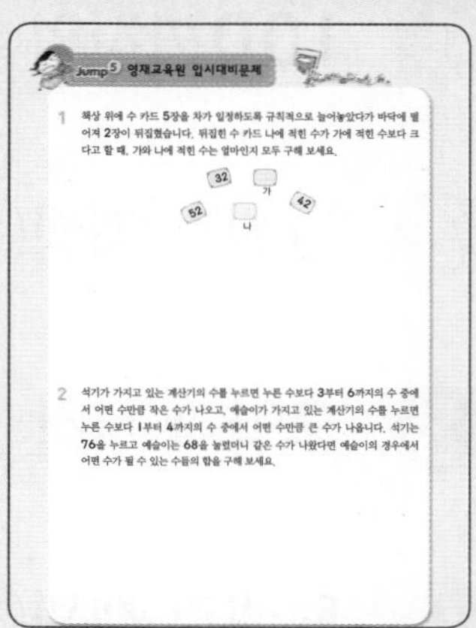

영재교육원 입시에 대한 기출 문제를 비교 분석한 후 꼭 필요한 문제들을 정리하여 풀어봄으로써 실전과 같은 연습을 통해 학생들의 창의적 사고력을 향상시켜 실제 문제에 대비할 수 있게 하였습니다.

STEP 4

왕중왕문제

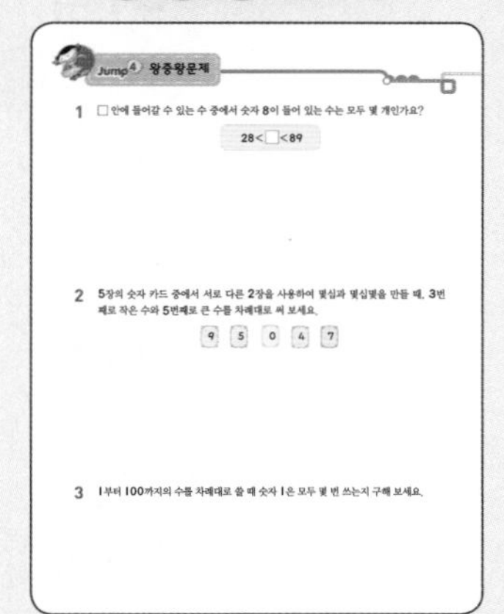

국내 최고수준의 고난이도 문제들 특히 문제해결력 수준을 평가할 수 있는 양질의 문제만을 엄선하여 전국 경시대회, 세계수학올림피아드 등 수준 높은 대회에 나가서도 두려움 없이 문제를 풀 수 있게 하였습니다.

차례 | Contents

단원 1

100까지의 수

이야기 수학

피타고라스의 수에 대한 생각

고대 그리스의 학자 피타고라스는 '수는 만물의 근원이며 척도이다.'라고 말할 정도로 수를 신성하게 여겼습니다.

특히 수 1은 세상의 모든 선을 뜻하는 신성한 수라고 생각했고 수 2는 반대로 악을 뜻하는 불길한 수로 생각했습니다.

그래서 서양에서는 선이 두 번 겹치는 1월 1일을 매우 좋은 날로 생각하는 반면 악이 두 번 겹치는 2월 2일은 매우 안 좋은 날로 여깁니다.

또한 수 3은 1과 2를 더해 나온 수이므로 세상의 선과 악을 아우르는 흠이 없는 완전한 수로 여겼고, 수 4는 4대 원소인 물, 불, 흙, 공기가 어우러져 우주의 만물을 생성한다고 여겨 매우 성스러운 수로 생각했습니다.

물론 우리나라에서는 4를 불길한 수로 여기지만 말입니다.

1. 60, 70, 80, 90 알아보기

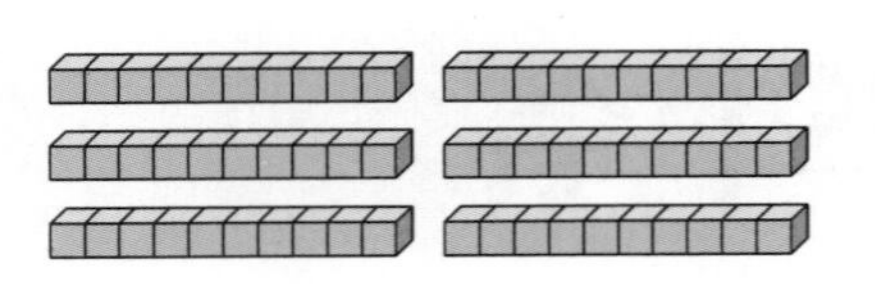

십 모형	낱개 모형
6	0

➡ 60 (육십, 예순)

- 10개씩 묶음 6개를 60이라고 합니다.
- 60은 육십 또는 예순이라고 읽습니다.

70	80	90
(칠십, 일흔)	(팔십, 여든)	(구십, 아흔)

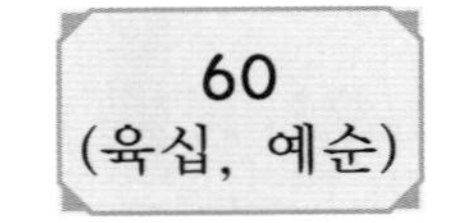

1 수수깡은 모두 몇 개인가요?

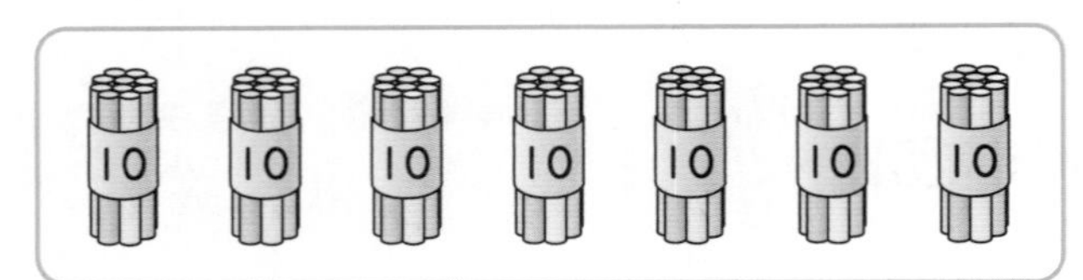

> ★ 10개씩 묶음 6개 ➡ 60
> 10개씩 묶음 7개 ➡ 70
> 10개씩 묶음 8개 ➡ 80
> 10개씩 묶음 9개 ➡ 90

2 관계있는 것끼리 선으로 이어 보세요.

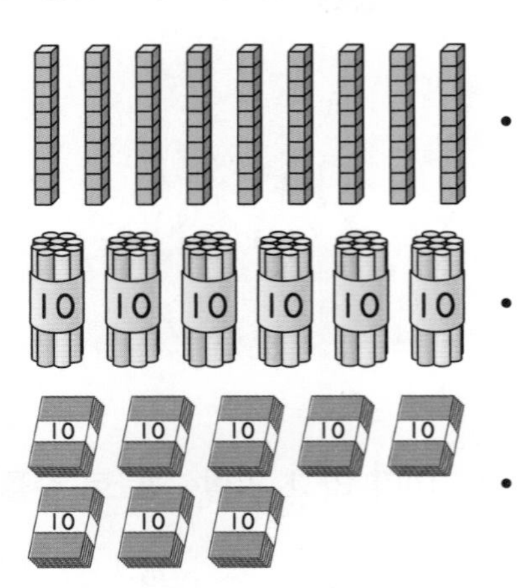

• 80

• 90

• 60

> ★ 10개씩 묶음 ■개는 ■0입니다.

3 연필 90자루를 10자루씩 묶었습니다. 모두 몇 묶음인가요?

> ★ ▲0은 10개씩 묶음 ▲개입니다.

Jump 2 핵심응용하기

핵심 응용 바나나를 한솔이는 30개 가지고 있고 예슬이는 40개 가지고 있습니다. 한솔이와 예슬이가 가지고 있는 바나나를 1상자에 10개씩 나누어 담으려면 필요한 상자는 몇 개인가요?

생각열기 한솔이와 예슬이가 가지고 있는 바나나는 각각 10개씩 묶음이 몇 개인지 알아봅니다.

풀이 한솔이가 가지고 있는 바나나는 10개씩 묶음이 ☐개이고 예슬이가 가지고 있는 바나나는 10개씩 묶음이 ☐개이므로 한솔이와 예슬이가 가지고 있는 바나나는 10개씩 묶음이 모두 ☐+☐=☐(개)입니다.
따라서 바나나를 1상자에 10개씩 나누어 담으려면 필요한 상자는 ☐개입니다.

답 ____________

확인 **1** 관계있는 것끼리 선으로 이어 보세요.

10개씩 묶음 7개 •	• 구십 •	• 아흔
10개씩 묶음 9개 •	• 칠십 •	• 여든
10개씩 묶음 8개 •	• 팔십 •	• 일흔

확인 **2** 용희는 사탕을 10개씩 묶음 9개 가지고 있었습니다. 이 중에서 3묶음을 동생에게 주었다면 용희에게 남은 사탕은 몇 개인가요?

확인 **3** 사과가 10개씩 5상자, 복숭아가 10개씩 3상자 있습니다. 사과와 복숭아는 모두 몇 개인가요?

2. 99까지의 수 알아보기

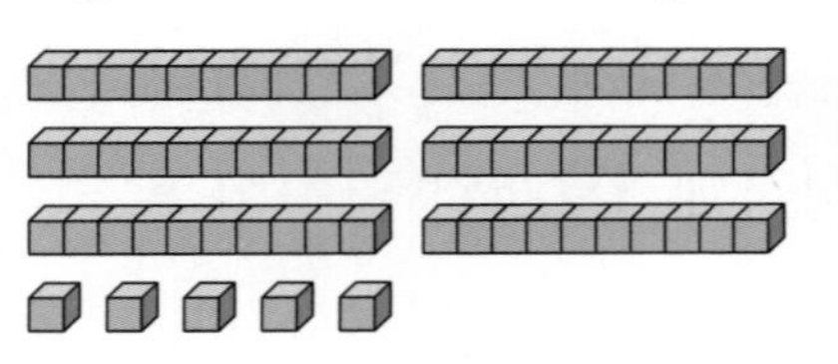

10개씩 묶음	낱개
6	5

➡ 65 (육십오, 예순다섯)

- 10개씩 묶음 6개와 낱개 5개를 65라고 합니다.
- 65는 육십오 또는 예순다섯이라고 읽습니다.

1 다음을 수로 나타내 보세요.

(1) 칠십사 ➡ (　　　　　)
(2) 구십이 ➡ (　　　　　)
(3) 예순여덟 ➡ (　　　　　)
(4) 여든일곱 ➡ (　　　　　)

오십육 ➡ 56
5 6
쉰일곱 ➡ 57
5 7

2 □ 안에 알맞은 수를 써넣으세요.

(1) 76은 10개씩 묶음 □개와 낱개 □개입니다.
(2) 91은 10개씩 묶음 □개와 낱개 □개입니다.

●★은 10개씩 묶음 ●개와 낱개 ★개입니다.

3 석기가 가지고 있는 딱지는 10장씩 묶음 9개와 낱장 4장입니다. 석기가 가지고 있는 딱지는 모두 몇 장인가요?

10개씩 묶음 5개와 낱개 4개는 54입니다.

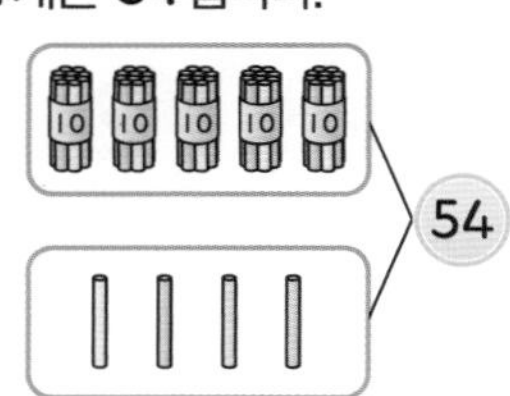

4 빈 곳에 알맞은 수를 써넣으세요.

여든다섯 ➡

10개씩 묶음	낱개

주의

99까지의 수를 쓸 때에는 10개씩 묶음의 수와 낱개의 수를 차례대로 씁니다.

Jump 2 핵심응용하기

핵심 응용 인형이 1상자에 10개씩 들어 있습니다. 곰 인형은 4상자와 낱개 5개가 있고 토끼 인형은 3상자와 낱개 4개가 있습니다. 곰 인형과 토끼 인형은 모두 몇 개인가요?

생각 열기 10개씩 묶음이 몇 개이고 낱개가 몇 개인지 알아봅니다.

풀이 상자에 들어 있는 곰 인형은 □상자이고 토끼 인형은 □상자이므로 모두

□+□=□(상자)입니다.

낱개는 곰 인형이 □개이고 토끼 인형이 □개이므로 모두

□+□=□(개)입니다.

따라서 곰 인형과 토끼 인형은 10개씩 묶음 □개와 낱개 □개이므로

모두 □개입니다.

답 ____________

확인 **1** 빈칸에 알맞은 수를 써넣으세요.

10개씩 묶음	낱개		수
6		➡	73
	17		97

확인 **2** 상연이가 가지고 있는 바둑돌을 세어 보니 10개씩 묶음 5개와 낱개 3개였습니다. 한솔이가 가지고 있는 바둑돌은 상연이가 가지고 있는 바둑돌보다 10개씩 묶음 2개와 낱개 5개가 더 많다면 한솔이가 가지고 있는 바둑돌은 몇 개인가요?

확인 **3** 사탕 57개를 1명에게 10개씩 나누어 주려고 합니다. 몇 명에게 나누어 줄 수 있나요?

수를 세거나 읽는 방법

- 우리말로 수 세기 : 개수나 횟수를 나타낼 때 ➡ 예 사과 예순 개, 나이 일흔 살
- 한자어로 수 세기 : 차례, 번호를 붙일 때 ➡ 예 행복로 팔십사, 등 번호 오십육

62 ➡
- 선생님 책상에는 공책이 예순두 권 있습니다.
- 우체국에 가려면 육십이 번 버스를 타야 합니다.

1 다음 수를 두 가지 방법으로 읽어 보세요.

이름	버스 번호	구슬 개수
59	오십구 번	
72		일흔두 개
94		

버스 번호는 오십일 번, 오십이 번과 같이 읽고, 구슬의 개수는 쉰한 개, 쉰두 개와 같이 세어 읽습니다.

2 수를 바르게 읽어 보세요.

미영이네 집은 행복로 93에 있고, 아파트 25층에 살고 있습니다.

93 ➡ [　　], 25 ➡ [　　] 층

수를 읽는 상황이나 뒤에 오는 단위에 맞게 수를 읽어야 합니다.

3 달걀이 10개씩 묶음 8개와 낱개 2개가 있습니다. 달걀의 수를 바르게 읽어 보세요.

➡ 달걀이 모두 ________개 있습니다.

물건의 개수를 셀 때는 예순한 개, 예순두 개와 같이 셉니다.

4 다음 숫자 카드 중 2장을 골라 만들 수 있는 수 중에서 가장 큰 수를 찾아 두 가지 방법으로 읽어 보세요.

4　7　8

읽기: (　　　　　　), (　　　　　　)

숫자 카드 4, 7, 8로 만들 수 있는 두 자리 수는 47, 48, 74, 78, 84, 87입니다.

Jump 2 핵심응용하기

핵심 응용 은지가 쓴 이야기를 보고 수를 바르게 읽은 것을 찾아 기호를 쓰세요.

㉠63번 마을버스를 타고, 별빛로 ㉡91에 내리면 별빛도서관이 있습니다. 은지가 작년 1년 동안 도서관에서 빌린 책은 모두 ㉢88권입니다.

㉠ 예순삼 ㉡ 아흔하나 ㉢ 여든여덟

생각열기 개수나 횟수를 나타내는지, 차례나 번호에 붙이는 말인지 생각해 봅니다.

풀이 개수나 횟수를 나타낼 때는 우리말로 수를 읽고, 차례나 번호를 붙이는 말은 한자어로 수를 읽습니다.

㉠63번은 버스 번호이므로 ☐, ㉡91은 차례를 나타내므로 ☐, 책 ㉢88권은 개수를 나타내므로 ☐으로 읽어야 합니다.

따라서 바르게 읽은 것의 기호는 ☐입니다.

답 ____________

확인 1 ☐ 안에 알맞게 읽는 말을 써넣으세요.

어린이 85명이 참여하는 뮤지컬 공연이 있습니다. 공연은 70분 동안 진행됩니다.

85 ➡ ☐명, 70 ➡ ☐분

확인 2 유승이는 80번이 적힌 수 카드를 가지고 있고, 지아는 오늘 줄넘기를 65번 넘었고, 하림이는 공깃돌 73개를 가지고 있습니다. 수를 읽는 방법이 다른 한 사람은 누구인가요?

확인 3 그림을 보고 수를 말로 나타내어 이야기를 만들어 보세요.

사과 농장

장소	체험인원(1회)
과수원로 79	50명

➡

4. 수의 순서 알아보기

51부터 100까지 수의 순서

51	52	53	54	55	56	57	58	59	60
61	62	63	64	65	66	67	68	69	70
71	72	73	74	75	76	77	78	79	80
81	82	83	84	85	86	87	88	89	90
91	92	93	94	95	96	97	98	99	100

- 99보다 1만큼 더 큰 수를 100이라고 합니다.
- 100은 백이라고 읽습니다.

1만큼 더 큰 수와 1만큼 더 작은 수

1만큼 더 작은 수　　　　1만큼 더 큰 수

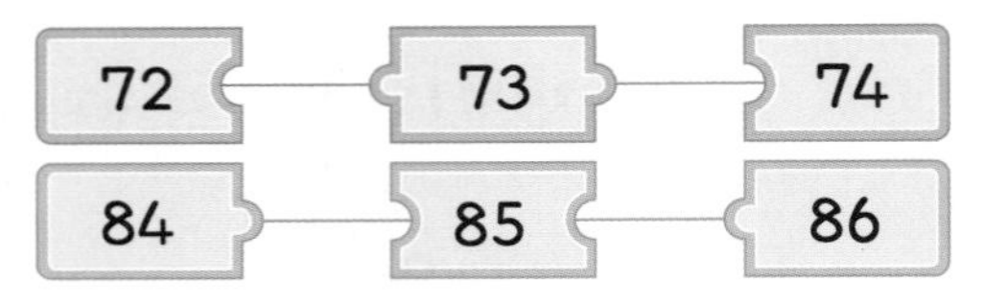

- 73보다 1만큼 더 작은 수는 72이고 73보다 1만큼 더 큰 수는 74입니다.
- 84와 86 사이에 있는 수는 85입니다.

1 빈 곳에 알맞은 수를 써넣으세요.

(1) ☐, 92, 93, ☐, 95

(2) 79, 80, ☐, ☐, 83

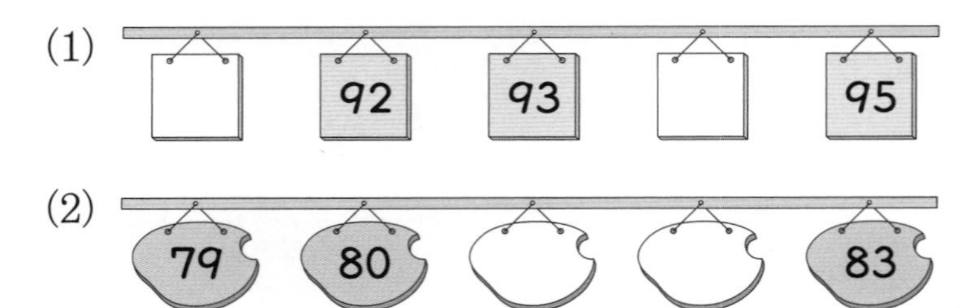

> 바로 앞의 수는 1만큼 더 작은 수이고 바로 뒤의 수는 1만큼 더 큰 수입니다.

2 빈칸에 알맞은 수를 써넣으세요.

65	66		68	69	
		73	74		
	78		80	81	

> 수의 순서를 생각해 봅니다.

3 90보다 1만큼 더 큰 수에 ○, 1만큼 더 작은 수에 △ 하세요.

62　89　97　91　74

> 몇십구보다 1만큼 더 큰 수는 낱개의 수가 0이 되고 10개씩 묶음의 수는 1만큼 더 커집니다.
> 예 79보다 1만큼 더 큰 수는 80입니다.

4 58과 63 사이에 있는 수를 모두 써 보세요.

Jump 2 핵심응용하기

핵심 응용 84와 90 사이에 있는 수가 아닌 것을 모두 찾아 기호를 쓰세요.

㉠ 82보다 3만큼 더 큰 수 ㉡ 85와 87 사이에 있는 수
㉢ 10개씩 묶음 8개와 낱개 4개 ㉣ 92보다 2만큼 더 작은 수

생각열기 ●와 ◆ 사이에 있는 수에 ●와 ◆는 들어가지 않습니다.

풀이 82보다 3만큼 더 큰 수는 □, 85와 87 사이에 있는 수는 □, 10개씩 묶음 8개와 낱개 4개는 □, 92보다 2만큼 더 작은 수는 □입니다.

84와 90 사이에 있는 수는 □, □, □, □, □이므로

84와 90 사이에 있는 수가 아닌 것을 모두 찾아 기호를 쓰면 □, □입니다.

답 ____________

확인 1 관계있는 것끼리 선으로 이어 보세요.

46보다 10만큼 더 큰 수 •	• 81보다 1만큼 더 작은 수
79와 81 사이에 있는 수 •	• 58보다 1만큼 더 큰 수
60보다 1만큼 더 작은 수 •	• 55와 57 사이에 있는 수

확인 2 한초가 가지고 있는 딱지는 10장씩 묶음 6개와 낱장 7장입니다. 신영이는 한초보다 5장 더 적게 가지고 있다면 신영이가 가지고 있는 딱지는 몇 장인가요?

확인 3 81보다 2만큼 더 큰 수와 90보다 2만큼 더 작은 수 사이에 있는 수를 모두 써 보세요.

5. 수의 크기 비교하기

• 10개씩 묶음의 수가 다를 때에는 10개씩 묶음의 수가 클수록 큰 수입니다.

$72 > 67$ '72는 67보다 큽니다.'를 $72 > 67$과 같이 씁니다.
'67은 72보다 작습니다.'를 $67 < 72$와 같이 씁니다.

• 10개씩 묶음의 수가 같을 때에는 낱개의 수가 클수록 큰 수입니다.

$77 > 72$ '77은 72보다 큽니다.'를 $77 > 72$와 같이 씁니다.
'72는 77보다 작습니다.'를 $72 < 77$과 같이 씁니다.

1 두 수의 크기를 비교하여 ○ 안에 >, <를 알맞게 써넣으세요.

(1) 86 ○ 94   (2) 62 ○ 60

2 위인전을 효근이는 69권, 한초는 96권 가지고 있습니다. 누가 위인전을 더 많이 가지고 있나요?

3 가장 큰 수에 ○, 가장 작은 수에 △ 하세요.

86 61 93 77

★ 10개씩 묶음의 수가 다를 때에는 10개씩 묶음의 수가 클수록 큰 수입니다.

4 가장 큰 수부터 차례대로 써 보세요.

73 62 65 86 88

★ 10개씩 묶음의 수가 같을 때에는 낱개의 수가 클수록 큰 수입니다.

5 □ 안에 들어갈 수 있는 숫자에 모두 ○ 하세요.

$76 < 7\square$ (5, 6, 7, 8, 9)

★ 5부터 9까지의 숫자를 □ 안에 하나씩 넣어 봅니다.

Jump 2 핵심응용하기

1 단원

핵심 응용 사탕을 석기는 10개씩 7봉지와 낱개 15개를 가지고 있고 웅이는 10개씩 6봉지와 낱개 21개를 가지고 있습니다. 석기와 웅이 중에서 누가 사탕을 더 많이 가지고 있나요?

생각열기 10개씩 묶음의 수가 같을 때에는 낱개의 수를 비교합니다.

풀이 사탕을 석기는 10개씩 7봉지와 낱개 15개를 가지고 있으므로 ☐개를 가지고 있고 웅이는 10개씩 6봉지와 낱개 21개를 가지고 있으므로 ☐개를 가지고 있습니다.

10개씩 묶음의 수가 같으므로 낱개의 수를 비교하면 ☐ > ☐ 이므로 ☐가 사탕을 더 많이 가지고 있습니다.

답 ____________

확인 1 나타내는 수의 크기를 비교하여 ○ 안에 >, <를 알맞게 써넣으세요.

(1) 10개씩 묶음 5개와 낱개 23개 ○ 10개씩 묶음 6개와 낱개 9개

(2) 10개씩 묶음 8개와 낱개 9개 ○ 10개씩 묶음 7개와 낱개 17개

확인 2 어린이들이 가지고 있는 공깃돌의 수를 나타낸 것입니다. 공깃돌을 가장 많이 가지고 있는 어린이부터 차례대로 이름을 써 보세요.

이름	신영	영수	한별	동민
공깃돌의 수(개)	8◆	92	6■	76

확인 3 10개씩 묶음의 수가 6인 수 중에서 64보다 작은 수는 모두 몇 개인가요?

6. 짝수와 홀수 알아보기

- 2, 4, 6, 8, 10, ……과 같이 둘씩 짝을 지을 수 있는 수를 짝수라고 합니다.
- 1, 3, 5, 7, 9, ……와 같이 둘씩 짝을 지을 수 없는 수를 홀수라고 합니다.

1 개수를 세어 짝수인 것은 '짝', 홀수인 것은 '홀'이라고 써 보세요.

> 둘씩 짝을 지을 수 있는지 알아봅니다.

(1)

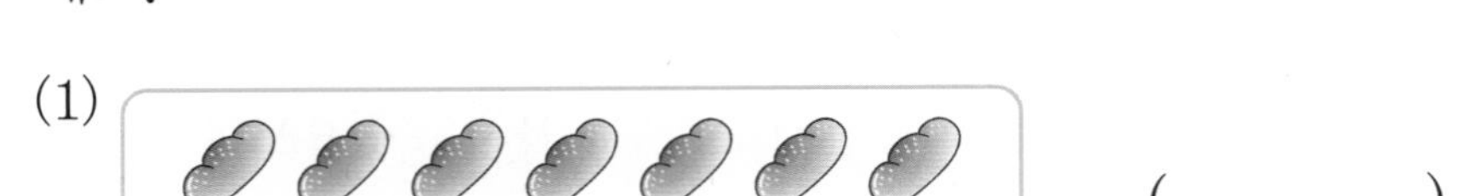

(　　　　)

(2)

(　　　　)

2 수를 순서에 맞게 쓸 때, ㉠에 알맞은 수는 짝수인지 홀수인지 써 보세요.

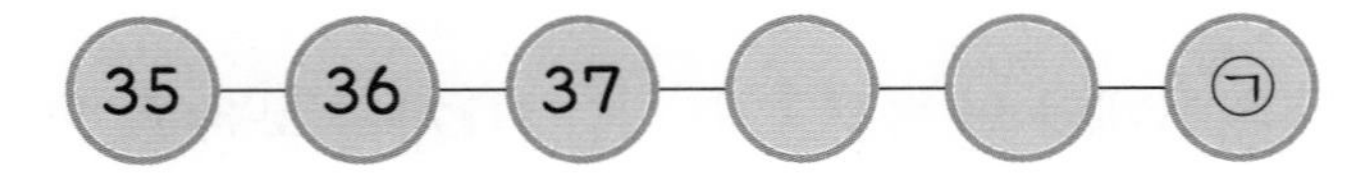

3 다음 중 짝수를 모두 찾아 써 보세요.

> **짝수 판별법**
> 낱개의 수가 홀수(1, 3, 5, 7, 9)이면 홀수, 낱개의 수가 짝수(2, 4, 6, 8, 0)이면 짝수입니다.

19　25　34　26　47　50　10　31　28

4 15보다 작은 홀수를 모두 쓰세요.

5 지혜, 동민, 용희 3명의 학생 중에서 잘못 말한 학생을 찾아 이름을 써 보세요.

- 지혜 : 10개씩 묶음 3개는 짝수야.
- 동민 : 49보다 1만큼 더 큰 수는 홀수야.
- 용희 : 마흔여덟은 짝수야.

Jump 2 핵심응용하기

핵심 응용 나타내는 수가 가장 큰 것부터 차례로 기호를 쓰세요.

㉠ 10개씩 묶음 2개와 낱개 3개인 수
㉡ 25보다 1만큼 더 작은 수
㉢ 18과 27 사이에 있는 가장 작은 짝수

생각열기 ㉠, ㉡, ㉢이 나타내는 수를 각각 구하여 크기를 비교합니다.

풀이 10개씩 묶음 2개와 낱개 3개인 수는 ☐이고, 25보다 1만큼 더 작은 수는 ☐입니다. 18과 27 사이에 있는 짝수는 ☐, ☐, ☐, ☐이므로 이 중에서 가장 작은 수는 ☐입니다.
따라서 ㉠이 나타내는 수는 ☐, ㉡이 나타내는 수는 ☐, ㉢이 나타내는 수는 ☐이므로 나타내는 수가 가장 큰 것부터 차례로 기호를 쓰면 ☐, ☐, ☐입니다.

답 ____________

확인 1 ㉠은 ㉡보다 큰 홀수입니다. 1부터 9까지의 숫자 중에서 ☐ 안에 들어갈 수 있는 숫자를 모두 써 보세요.

㉠ 3☐　　㉡ 35

확인 2 25보다 크고 38보다 작은 짝수는 모두 몇 개인가요?

확인 3 주어진 4장의 숫자 카드 중에서 서로 다른 2장을 뽑아 몇십몇을 만들려고 합니다. 만들 수 있는 수 중에서 홀수는 모두 몇 개인가요?

3　4　1　2

1 다음과 같은 **4**장의 숫자 카드가 있습니다. 서로 다른 **2**장을 골라 만들 수 있는 몇십과 몇십몇은 모두 몇 개인가요?

2 효근이는 사탕을 **10**개씩 **4**봉지, **5**개씩 **4**봉지, 낱개 **11**개를 가지고 있습니다. 효근이가 가지고 있는 사탕은 모두 몇 개인가요?

3 다음 중 가장 큰 수를 찾아 기호를 쓰세요.

㉠ **65**보다 **3**만큼 더 큰 수
㉡ **68**과 **70** 사이의 수
㉢ **10**개씩 묶음 **5**개와 낱개 **22**개

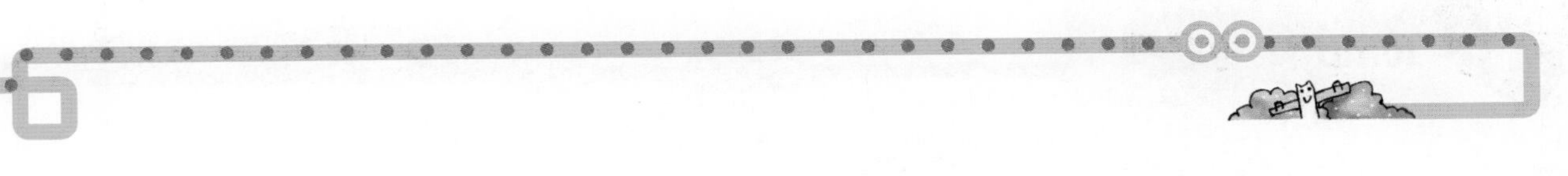

1 단원

4 아흔여덟 장의 딱지를 한 사람에게 10장씩 일곱 사람에게 나누어 주려고 합니다. 몇 장의 딱지가 남는지 구해 보세요.

5 □ 안에는 같은 숫자가 들어갑니다. 1부터 9까지의 숫자 중에서 □ 안에 공통으로 들어갈 수 있는 숫자는 모두 몇 개인지 구해 보세요.

□5 > 6□

6 다음과 같은 5장의 숫자 카드가 있습니다. 서로 다른 2장을 골라 만들 수 있는 몇십몇 중에서 홀수는 모두 몇 개인가요?

4 7 2 5 3

7 다음 설명에 알맞은 수는 모두 몇 개인지 구해 보세요.

- 74와 90 사이에 있는 수입니다.
- 10개씩 묶음의 수가 낱개의 수보다 작은 수입니다.

8 화살표를 다음과 같이 약속 할 때 ㉮에 알맞은 수를 구해 보세요.

약속

➡ : 13만큼 더 큰 수 ⬅ : 10만큼 더 작은 수
⬆ : 7만큼 더 큰 수 ⬇ : 9만큼 더 작은 수

㉮ 68 ➡ ○
⬆ ⬇
○ ⬅ ○ ⬅ ○

9 다음 설명을 만족하는 수 ●▲를 모두 찾아 써 보세요. (단, ●▲는 10개씩 묶음 ●개와 낱개 ▲개인 수입니다.)

- ●와 ▲의 합은 8입니다.
- ●▲는 50보다 큰 수입니다.

10 한솔이는 색종이를 10장씩 묶음 7개와 낱장 23장 가지고 있습니다. 앞으로 몇 장을 더 모으면 100장을 모을 수 있는지 구해 보세요.

11 똑같은 수학 문제집을 가영이는 84쪽부터 93쪽까지, 영수는 63쪽부터 70쪽까지 공부했습니다. 두 사람 중 누가 수학 문제집을 몇 쪽 더 많이 공부했는지 구해 보세요.

12 10개씩 묶음 5개와 낱개 16개인 수와 85보다 10만큼 더 작은 수 사이에 있는 수 중에서 홀수는 모두 몇 개인지 구해 보세요.

13 두 어린이가 다음과 같은 숫자 카드를 한 번씩만 사용하여 몇십몇과 몇십을 각각 만들려고 합니다. 두 어린이가 만든 수 중에서 짝수는 모두 몇 개인지 구해 보세요.

석기 : 7 0 9 상연 : 1 8 6 4

14 수를 읽는 방법이 다른 것을 찾아 기호를 쓰세요.

㉠ 빌딩은 **75**층입니다.
㉡ 사과 **80**개가 있습니다.
㉢ 종이비행기 **51**개를 접었습니다.
㉣ 목장에는 송아지 **93**마리가 있습니다.

15 예슬이는 동화책을 **87**권 가지고 있습니다. 동화책을 규형이는 예슬이보다 **5**권 더 적게 가지고 있고 용희는 규형이보다 **8**권 더 많이 가지고 있습니다. 용희가 가지고 있는 동화책은 몇 권인가요?

16 59보다 4만큼 더 큰 수와 81보다 8만큼 더 작은 수 사이에 있는 수 중에서 낱개의 수가 10개씩 묶음의 수보다 작은 수는 모두 몇 개인지 구해 보세요.

17 효근이가 가지고 있는 색종이를 색깔별로 조사한 것입니다. 초록색 색종이가 가장 많고 보라색 색종이는 분홍색 색종이보다 8장 더 적다면 보라색 색종이는 몇 장인가요?

색깔	초록	보라	분홍
색종이 수(장)	71		7■

18 □ 안에 공통으로 들어갈 수 있는 숫자를 모두 찾아 써 보세요.

65>□8 4□<43

Jump ④ 왕중왕문제

1 □ 안에 들어갈 수 있는 수 중에서 숫자 **8**이 들어 있는 수는 모두 몇 개인가요?

$$28<\square<89$$

2 **5**장의 숫자 카드 중에서 서로 다른 **2**장을 사용하여 몇십과 몇십몇을 만들 때, **3**번째로 작은 수와 **5**번째로 큰 수를 차례대로 써 보세요.

    7

3 **1**부터 **100**까지의 수를 차례대로 쓸 때 숫자 **1**은 모두 몇 번 쓰는지 구해 보세요.

1 단원

4 **4**명의 학생이 가지고 있는 숫자 카드로 몇십몇을 만들었습니다. 가장 큰 수를 만든 학생부터 차례대로 쓰면 지혜, 영수, 한솔, 예슬이고, 예슬이가 만든 수는 지혜가 만든 수보다 **10**만큼 더 작습니다. 빈 곳에 알맞은 숫자를 써넣으세요.

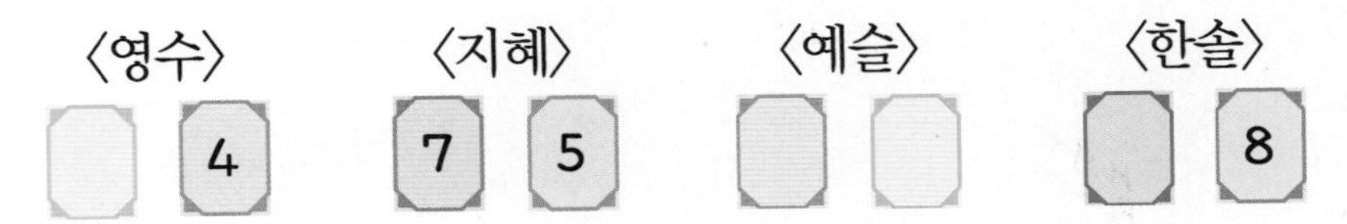

5 다음 설명에 알맞은 몇십몇을 구해 보세요.

- **10**개씩 묶음의 수와 낱개의 수의 합은 **9**입니다.
- **10**개씩 묶음의 수는 낱개의 수보다 **3**만큼 더 큰 수입니다.

6 웅이, 석기, 한초는 연필을 가지고 있습니다. 석기는 웅이보다 **9**자루 더 많고 웅이는 한초보다 **8**자루 더 적게 가지고 있습니다. 석기가 **65**자루를 가지고 있다면, 한초는 몇 자루를 가지고 있는지 구해 보세요.

7 몇십몇인 2개의 수가 있습니다. 두 수 모두 10개씩 묶음의 수는 낱개의 수보다 6만큼 더 크고, 10개씩 묶음의 수와 낱개의 수의 합은 각각 6과 8입니다. 이 두 수 중 큰 수는 작은 수보다 얼마만큼 더 큰지 구해 보세요. (단, 몇십몇에는 몇십도 들어갑니다.)

8 1부터 6까지 6개의 숫자가 적혀 있는 주사위 2개를 동시에 던졌을 때 나오는 숫자로 몇십몇인 수를 만들려고 합니다. 10씩 묶음의 수와 낱개의 수의 차가 2인 수는 모두 몇 개를 만들 수 있는지 구해 보세요.

9 유승이는 다음과 같이 규칙에 따라 51부터 100까지의 수를 쓰고 이 수들의 홀수 번째의 수를 /으로 지웠더니 25개의 수가 남았습니다. 남은 수 중에서 다시 홀수 번째의 수를 모두 지우는 것을 반복하여 한 개의 수가 남을 때까지 계속 지워나가려고 합니다. 마지막에 남는 수는 어떤 수인지 구해 보세요.

51	52	53	54	55	56	57	58	59	60
61	62	63	64	65	66	67	68	69	70
71	72	73	74	…					

10 다음은 10부터 99까지의 수 중 어떤 수에 대해 세 사람이 설명한 것입니다. 어떤 수를 쓰고, 두 가지 방법으로 읽어 보세요.

> 유승 : 10개씩 묶음이 4개보다 많고 9개보다 적습니다.
> 수빈 : 10개씩 묶음의 수와 낱개의 수의 합이 10보다 작습니다.
> 은지 : 낱개의 수는 3보다 큽니다.

11 지혜와 승우는 수읽기 놀이를 하고 있습니다. 지혜가 쉰둘이라고 말하면 승우는 '이십오'라 하고, 지혜가 삼십육이라고 말하면 승우는 예순셋이라고 합니다. 지혜가 어떤 말을 하면 승우는 칠십팔이라고 말하게 되나요?

12 10개씩 묶음 2개와 낱개 3개인 수보다 크고 10개씩 묶음 5개와 낱개 15개인 수보다 작은 수 중에서 숫자 3이 들어가는 수는 모두 몇 개인가요?

13 조건을 만족하는 두 수 ㉮와 ㉯가 있습니다. ㉮와 ㉯ 사이에 있는 수는 모두 몇 개인가요?

- ㉮는 **58**보다 크고, ㉯는 **85**보다 작은 수입니다.
- **58**과 ㉮ 사이의 수는 모두 **10**개입니다.
- ㉯와 **85** 사이의 수도 모두 **10**개입니다.

14 유승이의 수학 점수에 대한 설명입니다. 유승이의 수학 점수로 가능한 점수는 몇 점인가요?

- 유승이의 수학 점수는 홀수입니다.
- 유승이의 수학 점수는 일의 자리 숫자가 십의 자리 숫자보다 큽니다.
- 유승이는 유승이네 모둠에서 두 번째로 시험을 잘 보았습니다.

〈유승이네 모둠의 수학 점수〉

이름	유승	나연	수민	지원
점수(점)		53	92	81

15 몇십몇인 수 ㉮가 있습니다. ㉮의 **10**개씩 묶음의 수와 낱개의 수를 서로 바꾼 수가 ㉯이고, ㉮와 ㉯는 모두 **52**보다 크고 **86**보다 작으며 서로 다른 수입니다. ㉮가 될 수 있는 수는 모두 몇 개인가요?

16 1부터 50까지의 수가 적혀 있는 수 카드가 각각 한 장씩 있습니다. 50명의 학생이 수 카드를 한 장씩 뽑아 가장 작은 수를 가진 학생부터 차례로 줄을 서고 있습니다. 은지가 뽑은 수 카드의 수는 28보다 1만큼 더 작은 수였고, 현준이는 뒤에서 13번째에 서 있습니다. 은지와 현준이 사이에 서 있는 학생은 모두 몇 명인가요?

17 앞면과 뒷면에 적힌 수의 합이 10인 수 카드가 5장 있습니다. 수 카드의 앞면이 다음과 같을 때 2장을 골라 한 번씩만 사용하여 몇십몇을 만들려고 합니다. 만들 수 있는 수 중 서로 다른 짝수는 모두 몇 개인가요? (이때 뒷면에 적힌 수를 이용해서도 수를 만들 수 있습니다.)

18 0, 1, 2, ..., 7, 8, 9 까지의 10장의 숫자 카드를 모두 한 번씩 사용하여 다음과 같이 가, 나, 다, 라, 마에 들어갈 수 있는 두 자리 수 5개를 만들었습니다. 라에 알맞은 수를 구해 보세요.

가 —(9만큼 더 큰 수)→ 나 —(9만큼 더 큰 수)→ 다 —(9만큼 더 큰 수)→ 라 —(9만큼 더 큰 수)→ 마

Jump 5 영재교육원 입시대비문제

1 책상 위에 수 카드 **5**장을 차가 일정하도록 규칙적으로 늘어놓았다가 바닥에 떨어져 **2**장이 뒤집혔습니다. 뒤집힌 수 카드 나에 적힌 수가 가에 적힌 수보다 크다고 할 때, 가와 나에 적힌 수는 얼마인지 모두 구해 보세요.

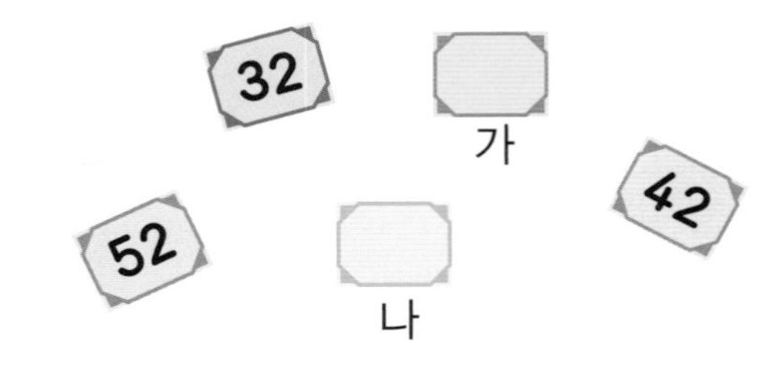

2 석기가 가지고 있는 계산기의 수를 누르면 누른 수보다 **3**부터 **6**까지의 수 중에서 어떤 수만큼 작은 수가 나오고, 예슬이가 가지고 있는 계산기의 수를 누르면 누른 수보다 **1**부터 **4**까지의 수 중에서 어떤 수만큼 큰 수가 나옵니다. 석기는 **76**을 누르고 예슬이는 **68**을 눌렀더니 같은 수가 나왔다면 예슬이의 경우에서 어떤 수가 될 수 있는 수들의 합을 구해 보세요.

단원 2

덧셈과 뺄셈(1)

1 세 수의 덧셈과 뺄셈

2 10이 되는 더하기

3 10에서 빼기

4 10을 만들어 더하기

이야기 수학

덧셈과 뺄셈 원리를 이용하여 만든 로마 숫자

고대 로마인들은 숫자를 나타낼 때 덧셈의 원리와 뺄셈의 원리를 이용하였다고 하니 참 신기합니다.
1(I), 10(X), 100(C)을 기본으로 만들고, 반복해서 숫자를 쓰는 불편함을 해결하기 위해 5(V), 50(L)을 나타내는 숫자를 더 만들었습니다.
2는 II, 3은 III으로 I의 오른쪽에 차례로 붙여서 점점 큰 수를 만들었답니다. 그런데 4는 IIII로 I를 4번 반복해서 쓰면 불편했기 때문에 5(V)보다 1작은 수이므로 왼쪽에 I를 붙여서 IV로 나타냈습니다. 6은 5(V)의 오른쪽에 I를 붙여 VI로, 7은 5(V)의 오른쪽에 II를 붙여 VII로 나타냈다고 하니 참 과학적입니다.
9는 10보다 1만큼 더 작은 수이므로 10(X)의 왼쪽에 I를 붙여 IX로 나타내고
11은 10보다 1만큼 더 큰 수이므로 10(X)의 오른쪽에 I를 붙여 XI로 나타냈습니다.
40은 50보다 10만큼 더 작은 수이므로 XL, 60은 50보다 10만큼 더 큰 수이므로 LX,
90은 100보다 10만큼 더 작은 수이므로 XC로 나타내어 숫자의 오른쪽에 숫자를 쓰면 그만큼 더하라는 뜻이고, 반대로 왼쪽에 숫자를 쓰면 빼라는 뜻입니다.

Jump ① 핵심알기 1. 세 수의 덧셈과 뺄셈

2+1+3의 계산

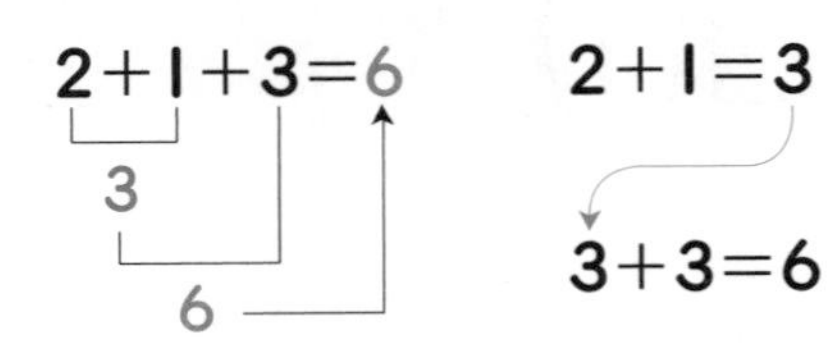

$2+1=3$

$3+3=6$

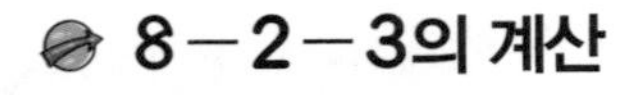

8−2−3의 계산

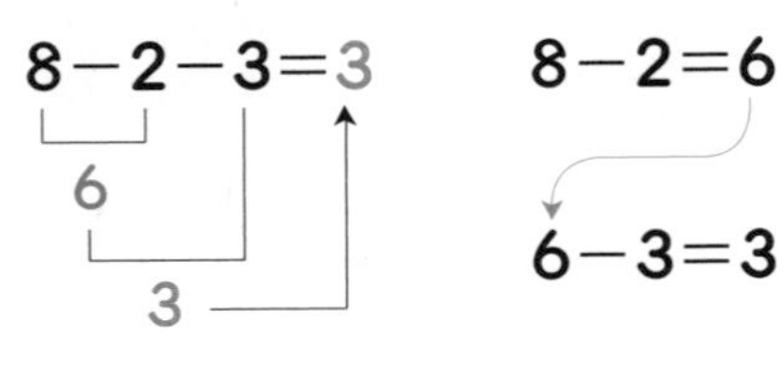

$8-2=6$

$6-3=3$

참고 • 세 수의 덧셈은 순서를 바꾸어 계산해도 결과가 같습니다.

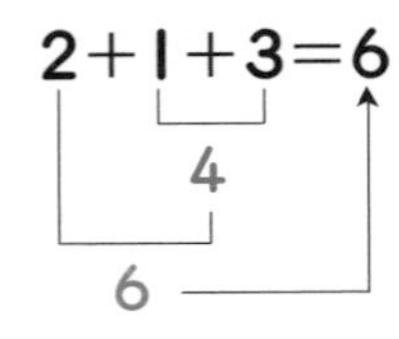

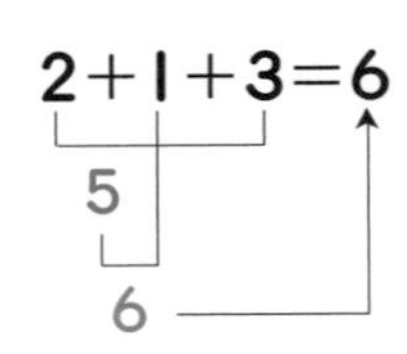

• 세 수의 뺄셈은 순서를 바꾸어 계산하면 결과가 달라집니다.

1 □ 안에 알맞은 수를 써넣으세요.

(1) $4+2+3=$ □

(2) $8-3-2=$ □

2 계산 결과의 크기를 비교하여 ○ 안에 >, <를 알맞게 써넣으세요.

$8-2-3$ ○ $9-5-3$

3 빨간색 모자가 2개, 노란색 모자가 5개, 파란색 모자가 1개 있습니다. 모자는 모두 몇 개인가요?

★ 세 수의 덧셈식을 세워 구합니다.

4 귤이 8개 있었습니다. 어제 3개를 먹고 오늘 4개를 먹었습니다. 남은 귤은 모두 몇 개인가요?

★ 세 수의 뺄셈식을 세워 구합니다.

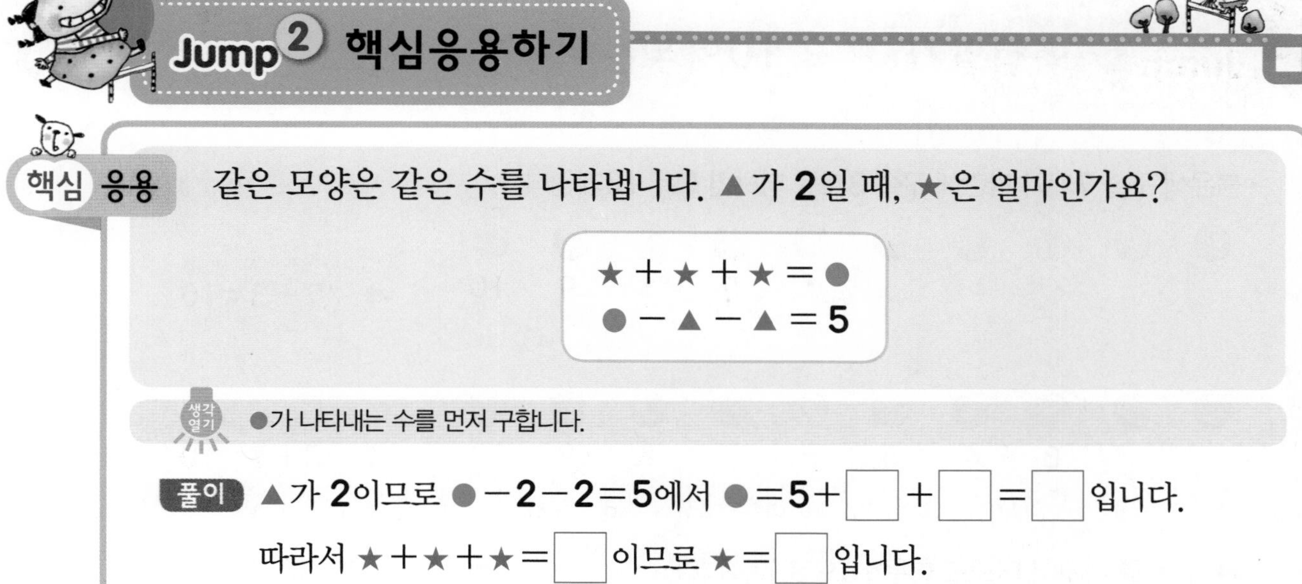

핵심 응용 같은 모양은 같은 수를 나타냅니다. ▲가 2일 때, ★은 얼마인가요?

★＋★＋★＝●

●－▲－▲＝5

생각열기 ●가 나타내는 수를 먼저 구합니다.

풀이 ▲가 2이므로 ●－2－2＝5에서 ●＝5＋☐＋☐＝☐입니다.

따라서 ★＋★＋★＝☐이므로 ★＝☐입니다.

답 ________

확인 1 계산 결과가 같은 것끼리 선으로 이어 보세요.

3＋3＋1 •	• 9－2－1
3＋1＋5 •	• 2＋4＋1
2＋1＋3 •	• 2＋3＋4

확인 2 바구니에 고구마 4개, 감자 3개가 있었습니다. 감자 몇 개를 더 넣었더니 고구마와 감자가 모두 9개가 되었습니다. 바구니 속의 감자는 몇 개가 되었나요?

확인 3 어떤 수보다 2만큼 더 작은 수에서 4를 뺐더니 3이 되었습니다. 어떤 수는 얼마인지 구해 보세요.

2. 10이 되는 더하기

• 붉은색 구슬 **7**개와 파란색 구슬 **3**개를 더하면 모두 **10**개입니다.

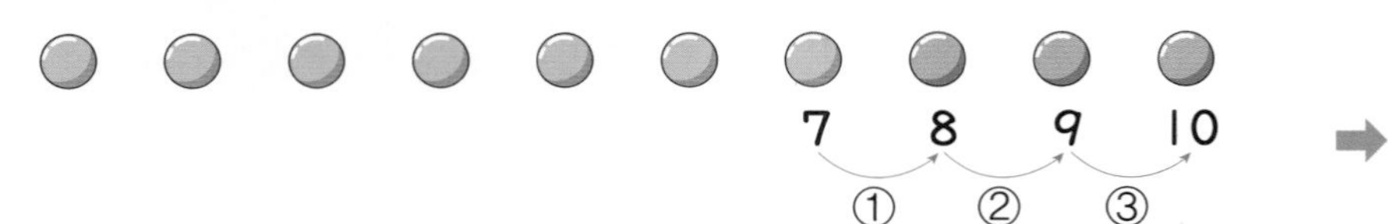

➡ **7+3=10**

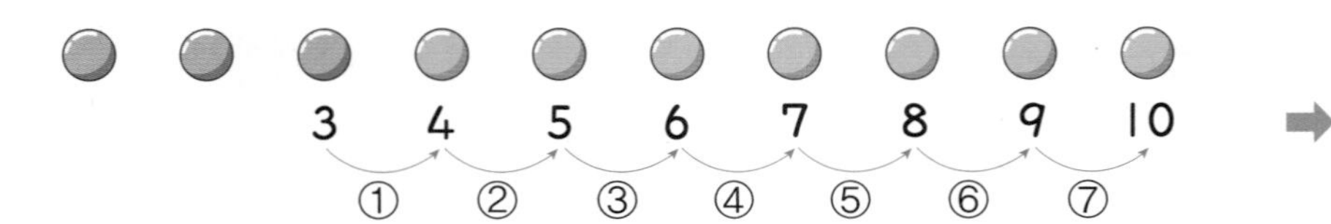

➡ **3+7=10**

➡ 두 수를 바꾸어 더해도 합은 **10**으로 같습니다.

1 그림을 보고 □ 안에 알맞은 수를 써넣으세요.

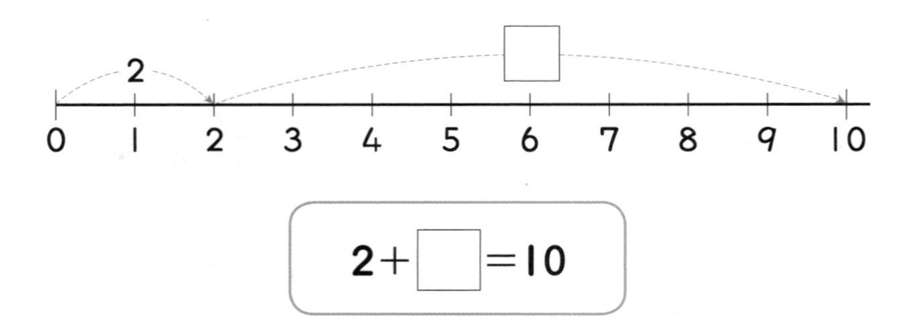

2+□=10

★ **2**에서 **10**까지 도착하려면 몇 칸을 더 가야 하는지 알아봅니다.

2 웅이는 야구공 **7**개와 축구공 **3**개를 가지고 있습니다. 웅이가 가지고 있는 공은 모두 몇 개인가요?

★ 야구공의 수와 축구공의 수를 더합니다.

3 나뭇가지에 참새가 **5**마리 앉아 있었습니다. 잠시 후에 몇 마리가 더 날아와서 **10**마리가 되었다면 더 날아온 참새는 몇 마리인가요?

★ 더 날아온 참새의 수를 □로 놓고 식을 만들어 봅니다.

4 유승이는 어머니에게 사탕 **4**개를 받고 아버지에게 사탕 몇 개를 받았더니 사탕이 모두 **10**개가 되었습니다. 아버지에게 받은 사탕은 몇 개인가요?

Jump 2 핵심응용하기

핵심 응용 어린이들이 수 카드를 1개씩 들고 있습니다. 2명의 어린이가 들고 있는 수 카드의 두 수를 더해서 10이 되는 경우는 모두 몇 가지인가요?

생각열기 어린이들이 들고 있는 수 카드의 수에 어떤 수를 더해야 10이 되는지 생각해 봅니다.

풀이 1과 □, 2와 □, 3과 □, 4와 □, 5와 □를 각각 더하면 10입니다.
따라서 2명의 어린이가 들고 있는 수 카드의 두 수를 더해서 10이 되는 경우는 6+□=10, 8+□=10이므로 모두 □가지입니다.

답 ____________

확인 1 두 수의 합이 10이 되도록 선으로 이어 보세요.

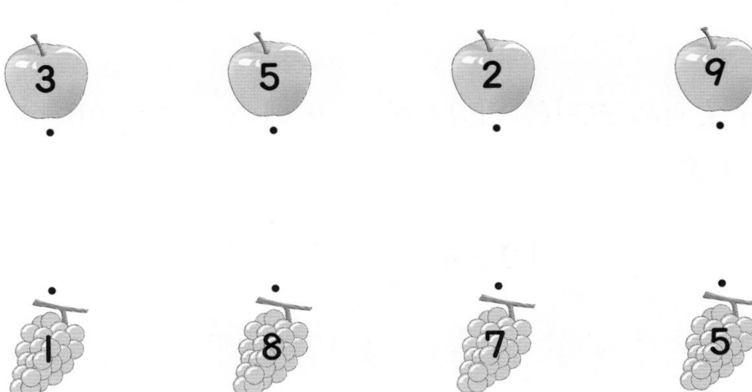

확인 2 한별이는 하루에 요구르트를 3개씩 먹었습니다. 냉장고 안에 있던 요구르트를 3일 동안 먹었더니 1개가 남았습니다. 처음 냉장고 안에 있던 요구르트는 모두 몇 개인가요?

3. 10에서 빼기

사과 10개 중에서 4개를 먹으면 남는 사과는 6개입니다.

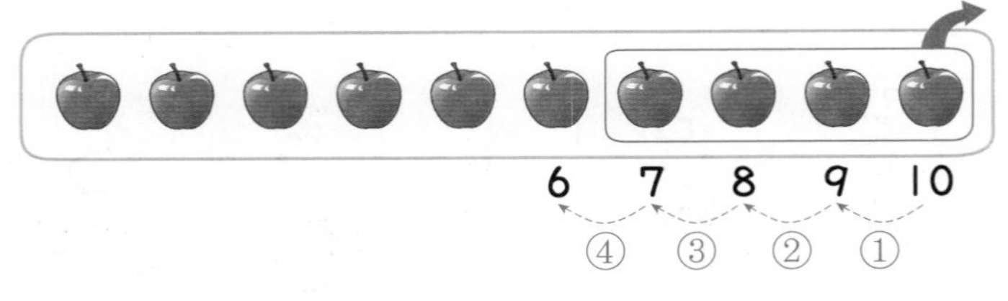

10−4=6

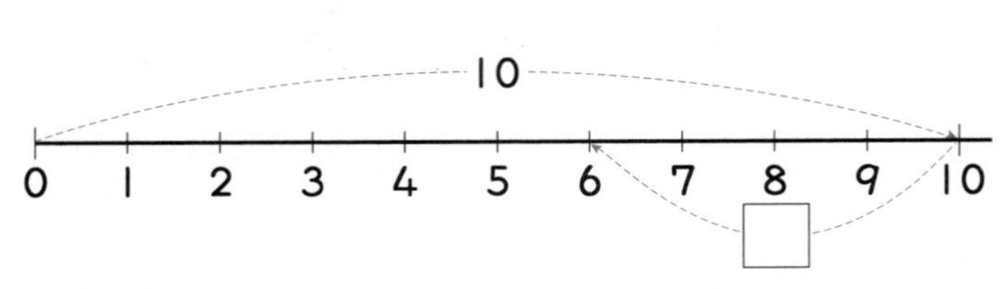

10−□=6
➡ □=4

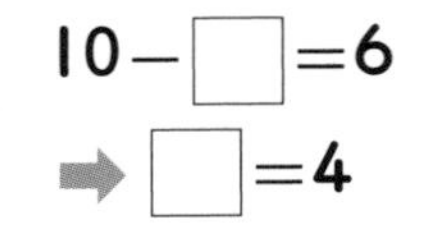

1 그림을 보고 뺄셈식을 써 보세요.

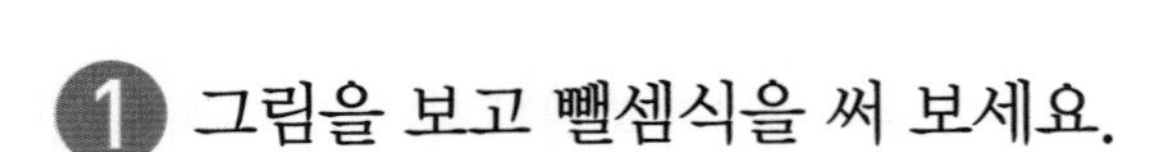

10−□=7

★ /으로 지운 꽃의 수를 세어 봅니다.

2 계산 결과의 크기를 비교하여 ○ 안에 >, <를 알맞게 써 넣으세요.

10−4 ○ 10−7

3 예슬이는 색종이를 10장 가지고 있었습니다. 미술 시간에 5장을 사용했다면 남은 색종이는 몇 장인가요?

★ 처음 가지고 있던 색종이 수에서 사용한 색종이 수를 뺍니다.

4 가영이는 사탕을 10개 가지고 있었습니다. 동생에게 사탕 몇 개를 주었더니 1개가 남았습니다. 가영이가 동생에게 준 사탕은 몇 개인가요?

★ 동생에게 준 사탕의 수를 □로 놓고 식을 만들어 봅니다.

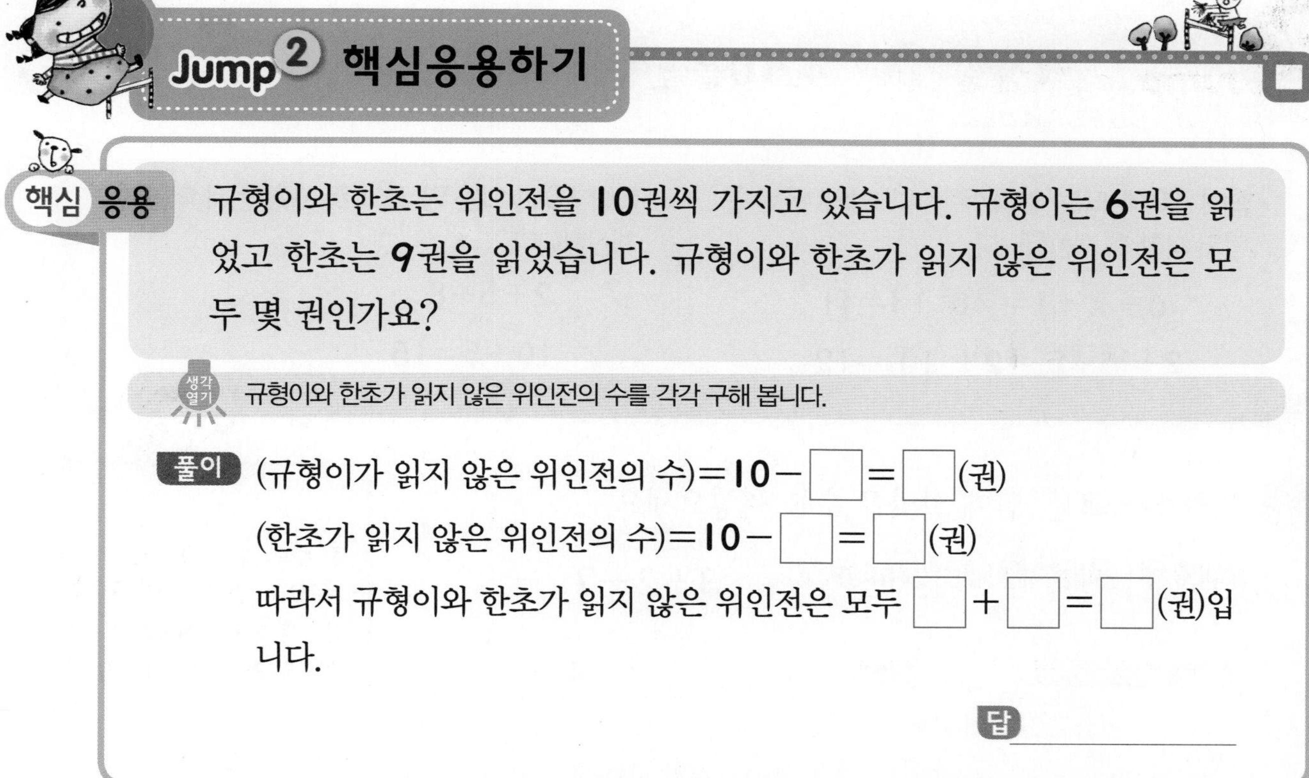

Jump 2 핵심응용하기

핵심 응용 규형이와 한초는 위인전을 10권씩 가지고 있습니다. 규형이는 6권을 읽었고 한초는 9권을 읽었습니다. 규형이와 한초가 읽지 않은 위인전은 모두 몇 권인가요?

생각열기 규형이와 한초가 읽지 않은 위인전의 수를 각각 구해 봅니다.

풀이 (규형이가 읽지 않은 위인전의 수)=10−□=□(권)

(한초가 읽지 않은 위인전의 수)=10−□=□(권)

따라서 규형이와 한초가 읽지 않은 위인전은 모두 □+□=□(권)입니다.

답 ________

확인 1 □ 안에 들어갈 수가 가장 큰 것부터 차례대로 기호를 쓰세요.

㉠ 5+□=10　㉡ 10−□=2

㉢ 10−□=4　㉣ 7+□=10

확인 2 용희는 귤을 10개 가지고 있었습니다. 이 중에서 4개를 먹고 남은 귤의 반을 웅이에게 주었습니다. 웅이에게 주고 남은 귤은 몇 개인가요?

확인 3 냉장고에 아이스크림이 10개 들어 있었습니다. 효근이가 5개를 먹고 석기가 몇 개를 먹었더니 2개가 남았습니다. 석기가 먹은 아이스크림은 몇 개인가요?

Jump ① 핵심알기 4. 10을 만들어 더하기

• 합이 10이 되는 앞의 두 수나 뒤의 두 수를 먼저 더한 후 계산합니다.

6+4 +1= 10 +1=11

2+ 5+5 =2+ 10 =12

• 합이 10이 되는 양 끝의 두 수를 먼저 더한 후 계산합니다.

2+5+8

10+5=15

1 그림을 보고 □ 안에 알맞은 수를 써넣으세요.

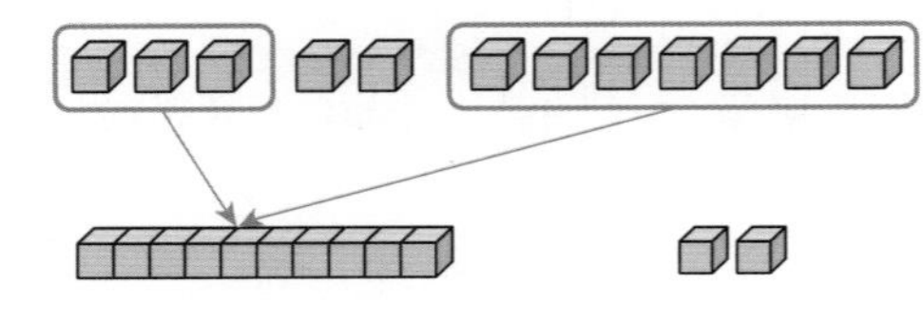

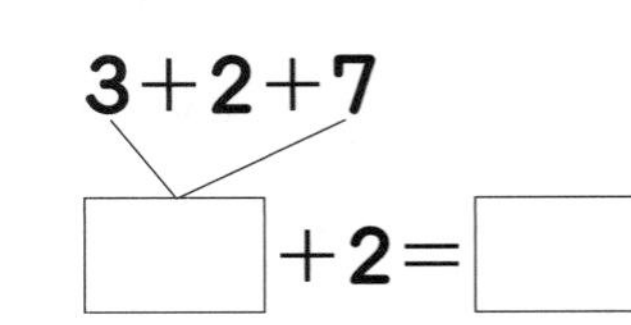

3+2+7

□+2=□

☆ 두 수의 합이 10이 되는 경우는 0+10, 1+9, 2+8, 3+7, 4+6, 5+5, 6+4, 7+3, 8+2, 9+1, 10+0입니다.

2 □ 안에 알맞은 수를 써넣으세요.

(1) 9+1+4

□+4=□

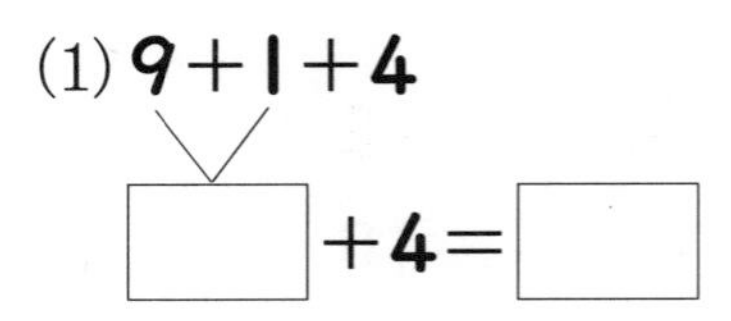

(2) 7+2+8

7+□=□

3 합이 10이 되는 두 수를 ⬭로 묶고 세 수의 합을 빈 곳에 써넣으세요.

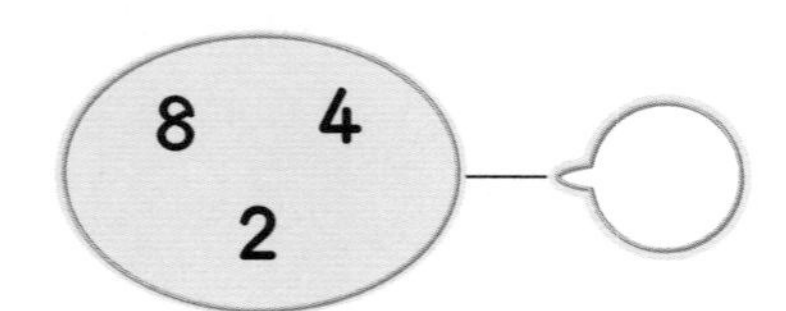

• 합이 10이 되는 두 수를 먼저 더하고 나머지 수를 더합니다.
• 세 수의 덧셈에서는 어느 두 수를 먼저 더해도 결과는 같습니다.

4 초콜릿을 한초는 4개, 효근이는 6개, 석기는 5개 가지고 있습니다. 세 사람이 가지고 있는 초콜릿은 모두 몇 개인가요?

Jump② 핵심응용하기

핵심 응용 무 6개, 호박 8개가 들어 있는 바구니에 오이 2개를 더 넣었습니다. 바구니에 들어 있는 채소는 모두 몇 개인가요?

생각 열기 오이 수와 어떤 채소 수의 합이 10이 되는지 알아봅니다.

풀이 무의 수와 호박의 수 중 오이의 수를 더해서 10이 되는 채소는 호박이므로

□+2=□입니다.

따라서 호박의 수와 오이의 수의 합에 □의 수 □을 더하면

□+□=□이므로 바구니에 들어 있는 채소는 모두 □개입니다.

답 ____________

확인 1 합이 13이 되는 세 수에 ○ 하세요.

5 7 4 3 6 9

확인 2 딸기 맛 사탕 9개가 들어 있는 봉지에 사과 맛 사탕 4개와 포도 맛 사탕 1개를 더 넣었습니다. 봉지에 들어 있는 사탕은 모두 몇 개인가요?

확인 3 예슬이는 노란색 구슬 3개, 파란색 구슬 8개, 빨간색 구슬 7개를 가지고 있고 한솔이는 노란색 구슬 6개, 파란색 구슬 5개, 빨간색 구슬 5개를 가지고 있습니다. 구슬을 더 많이 가지고 있는 사람은 누구인가요?

1 오른쪽 그림은 가운데 수 **2**에서 각각의 수를 더하거나 빼어 가, 나, 다, 라의 수를 만든 것입니다. 이때, 라－가는 나＋다보다 얼마만큼 더 작은지 구해 보세요.

가
+4
나 −1 2 +8 라
+3
다

2 1부터 **9**까지의 수 중에서 □ 안에 들어갈 수 있는 수를 모두 찾아 써 보세요.

$$10-1>\square+4$$

3 피자 **10**조각이 있습니다. **4**조각은 부모님께 드리고 나머지는 효근이와 동생이 나누어 먹으려고 합니다. 효근이가 동생보다 **2**조각 더 많이 먹으려고 한다면 효근이는 피자를 몇 조각 먹어야 하나요?

4 10을 두 수로 가르고 모으기 한 것입니다. ㉠과 ㉡에 알맞은 수의 합이 8일 때, ㉢에 알맞은 수를 구해 보세요.

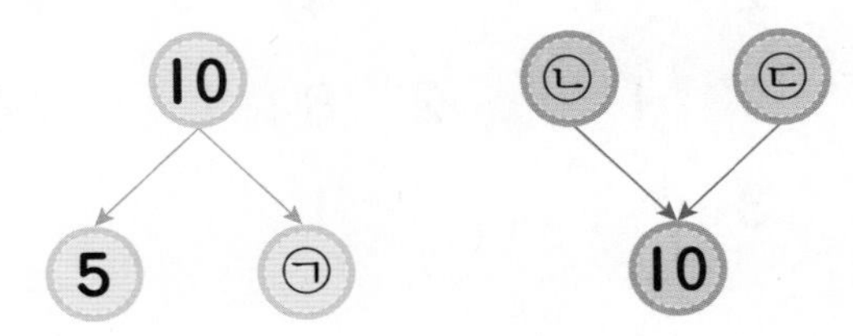

5 1부터 6까지의 수를 적어 놓은 주사위가 2개 있습니다. 이 주사위 2개를 던져서 나온 수의 합이 10이 되는 경우는 모두 몇 가지인가요? (단, 2와 3이 나온 경우와 3과 2가 나온 경우는 1가지로 생각합니다.)

6 계산 결과가 가장 작은 것부터 차례대로 기호를 쓰세요.

㉠ $2+5+1$ ㉡ $8-4+1$
㉢ $6+3-9$ ㉣ $7-2-3$

7 규칙을 찾아 빈 곳에 알맞은 수를 구해 보세요.

	2	
1	7	1
	3	

	4	
2	8	1
	1	

	3	
4	9	0
	□	

8 0부터 9까지의 수 중에서 □ 안에 들어갈 수 있는 수를 모두 구해 보세요.

5+□−2 < 9

9 식을 보고 ▲, ●, ■가 나타내는 수를 각각 구해 보세요. (단, 같은 모양은 같은 수를 나타냅니다.)

▲−●=■+1
●+5=▲
▲−3=7

10 농장에 닭 몇 마리와 강아지 1마리가 있습니다. 닭과 강아지의 다리 수를 세어 보니 10개였다면 닭은 몇 마리인가요?

11 ㉮는 ★보다 5만큼 더 작은 수이고 ㉯는 ★보다 5만큼 더 큰 수입니다. ㉯는 ㉮보다 얼마만큼 더 큰 수인가요?

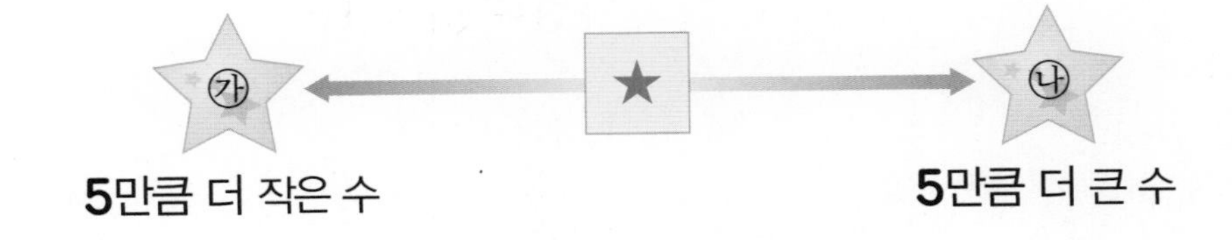

12 어떤 두 수를 더하면 10이고 큰 수에서 작은 수를 빼면 6입니다. 두 수는 각각 얼마인지 구해 보세요.

13 1부터 7까지의 수를 모두 써넣어 오른쪽 그림의 한 줄에 있는 세 수를 모으면 10이 되도록 만들려고 합니다. 빈 곳에 알맞은 수를 써넣으세요.

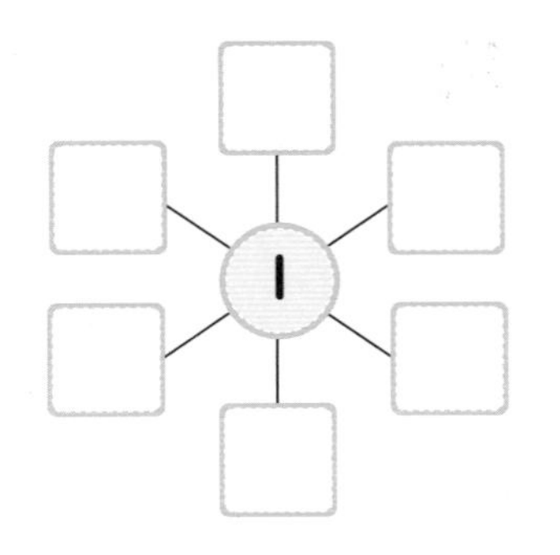

14 1부터 9까지의 수 중 가와 나에 들어갈 수 있는 두 수를 짝지어 모두 쓰세요.

$\boxed{가}+3+\boxed{나}=10$

15 동민이와 한솔이는 10개의 풍선을 똑같이 나누어 가진 다음, 가위바위보를 하여 이긴 사람에게 풍선을 1개씩 주기로 하였습니다. 5번의 가위바위보를 한 결과가 다음과 같다면 동민이와 한솔이가 가지고 있는 풍선은 각각 몇 개인가요?

(단, 비길 때는 서로 주지 않습니다.)

	첫째	둘째	셋째	넷째	다섯째
동민	가위	보	가위	바위	가위
한솔	보	바위	가위	바위	바위

동민 : (　　　　　　)

한솔 : (　　　　　　)

16 보기 와 같은 규칙으로 빈 곳에 알맞은 수를 써넣으세요.

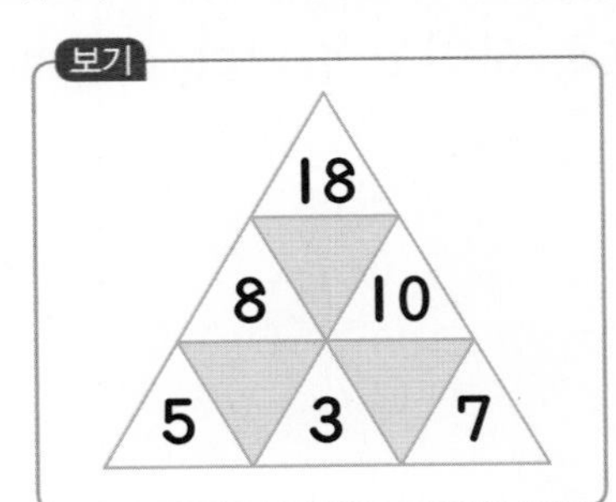

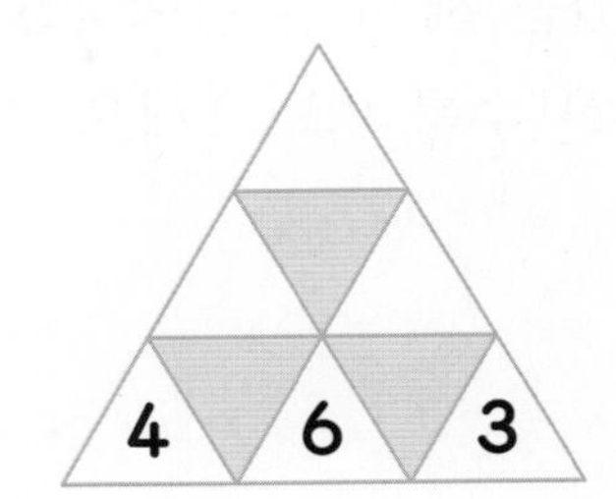

17 수 사이에 +, −를 넣어 식을 만들어 보세요.

(1)

6		3		4		5	=	10

(2)

8		2		3		6	=	3

18 보기 에서 규칙을 찾아 □ 안에 알맞은 수를 써넣으세요.

보기

3★4=10　5★2=9　7★1=9

4★6=□

Jump 4 왕중왕문제

1 1부터 9까지의 수를 모두 써넣어 오른쪽 표의 가로(→), 세로(↓)에 있는 세 수의 합이 15가 되도록 하려고 합니다. 빈칸에 알맞은 수를 써넣으세요.

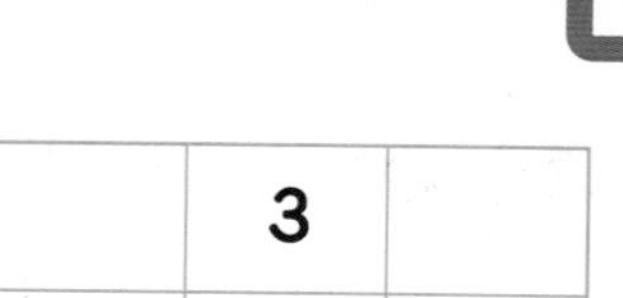

	3	
6		2

2 동물원에 기린, 코끼리, 얼룩말이 있습니다. 기린과 코끼리를 모으면 6마리, 코끼리와 얼룩말을 모으면 9마리입니다. 기린, 코끼리, 얼룩말이 모두 10마리일 때 기린과 얼룩말을 모으면 모두 몇 마리인가요?

3 한초, 용희, 영수는 10개의 구슬을 나누어 가졌습니다. 구슬을 용희는 한초보다 3개 더 많이 가졌고 영수는 용희보다 1개 더 많이 가졌다면 영수가 가진 구슬은 몇 개인가요?

4 **8**명의 학생이 좋아하는 운동을 조사하였더니 축구를 좋아하는 학생은 **4**명, 야구를 좋아하는 학생은 **6**명이었습니다. 축구도 좋아하고 야구도 좋아하는 학생은 몇 명인가요? (단, 축구도 싫어하고 야구도 싫어하는 학생은 없습니다.)

5 □ 안에 수를 써넣어 식이 성립하도록 하려고 합니다. □ 안에 알맞은 수를 써넣으세요.

9	−	□	+	4	=	⑥
−		−		−		
□	−	6	+	□	=	④
+		+		+		
□	−	□	+	1	=	③
=		=		=		
⑥		④		③		

6 오른쪽 ◯ 안에 **1**부터 **8**까지의 수를 한 번씩 써넣어 가로(→) 방향과 세로(↓) 방향의 세 수의 합이 **12**가 되도록 하려고 합니다. ㉠에 써넣어야 할 알맞은 수를 구하세요.

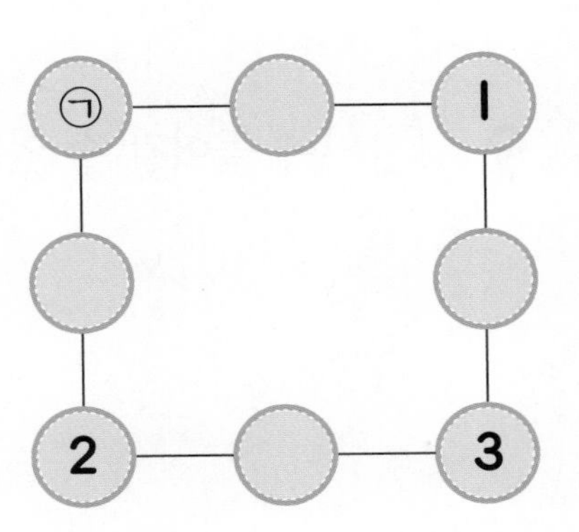

7 같은 모양은 같은 수를 나타냅니다. ●가 **2**일 때, ♥는 얼마인지 구해 보세요.

●＋●＋●＝★
★＋▲－●＝**5**
★－▲＋●＝♥

8 빈 곳에 수를 한 개씩 써넣어 이웃한 세 수의 합이 **10**이 되도록 하려고 합니다. 예를 들어 **4**＋㉠＋★＝**10**, ㉠＋★＋㉡＝**10**이라고 할 때, ★은 얼마인지 구해 보세요.

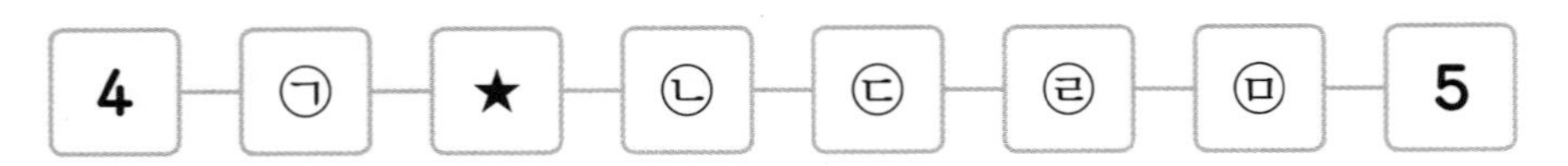

9 □안에 들어갈 수 있는 수 중에서 가장 작은 수를 구해 보세요.

$$10-2+\square > 3+2+7$$

10 다음과 같은 방법으로 ○ 안에 1, 2, 3, 4, 7, 8, 9의 7개의 수를 모두 한 번씩 써넣으려고 합니다. ㉮에 알맞은 수를 구해 보세요.

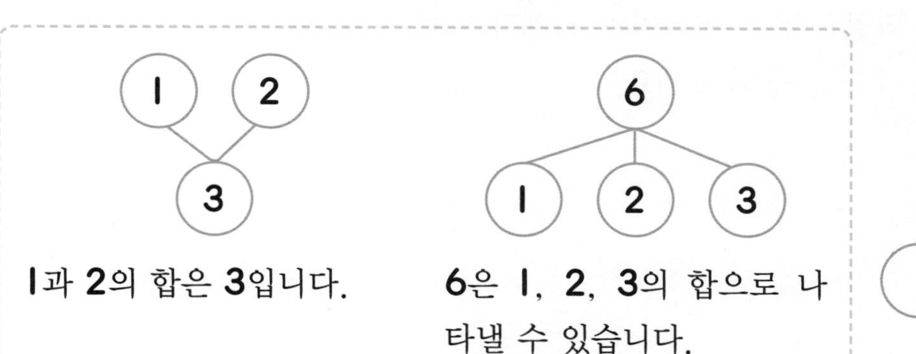

㉮

11 예나와 형석이는 과녁 맞히기 놀이를 하였습니다. 3회까지의 점수의 합이 같을 경우, 점수 차이가 날 때까지 번갈아 가면서 화살을 던지기로 하였습니다. 5회까지의 과녁 맞히기를 한 결과 예나가 2점 차이로 승리하였습니다. 점수표를 보고 ㉠, ㉡, ㉢, ㉣의 합을 구해 보세요.

	1회	2회	3회	4회	5회
예나	4	6	5	㉢	4
형석	5	㉠	㉡	7	㉣

12 어린이들의 나이에 대한 설명입니다. 유승이는 효심이보다 몇 살 더 많은지 구해 보세요.

- 예나는 4살입니다.
- 예나, 수빈, 유승이의 나이를 합하면 14살입니다.
- 수빈이와 효심이의 나이를 합하면 9살입니다.
- 효심이는 수빈이보다 1살 더 많습니다.

13 민석이는 어떤 수 □에서 **3**과 **4**를 차례로 빼야 할 것을 잘못하여 차례로 더했더니 **20**이 되었고, 지혜는 어떤 수 △에 **3**과 **6**을 더해야 하는 데 **3**을 **8**로 잘못 보고 계산하여 **18**이 되었습니다. 민석이와 지혜가 바르게 계산한 값을 각각 ㉠, ㉡이라고 할 때, ㉠+㉡의 값을 구해 보세요.

14 ㉠, ㉡, ㉢, ㉣, ㉤은 **3**부터 **7**까지의 수 중 서로 다른 수입니다. 다음 식을 만족하는 ㉠이 될 수 있는 수 중 하나의 수와 ㉡을 한 번씩 사용하여 몇십몇을 만들려고 합니다. 만들 수 있는 가장 작은 수를 구해 보세요.

㉠+㉡+㉢=**15**, ㉡+㉣+㉤=**14**

15 다음과 같은 **9**장의 수 카드 중에서 **2**장 또는 **3**장을 뽑아 두 수 또는 세 수의 합이 **10**이 되도록 하는 경우는 모두 몇 가지인가요? (단, 뽑는 순서는 생각하지 않습니다.)

1 2 3 4 5 6 7 8 9

16 현준이와 은지가 1부터 6까지의 수 카드 중에서 두 장씩 겹치지 않게 골라 두 수의 합을 구하기로 했습니다. 현준이가 먼저 두 장을 뽑고 두 수를 더하니 9가 나왔습니다. 은지가 만들 수 있는 가장 작은 합과 가장 큰 합을 더하면 얼마인가요?

1 2 3 4 5 6

17 오른쪽 보기와 같이 주어진 수를 한 번씩만 사용하여 ⬚에 있는 네 수의 합이 서로 같도록 빈 곳을 채우려고 합니다. 1부터 8까지의 수를 한 번씩만 사용하여 빈 곳을 채울 때 ★에 알맞은 수는 얼마인지 구해 보세요.

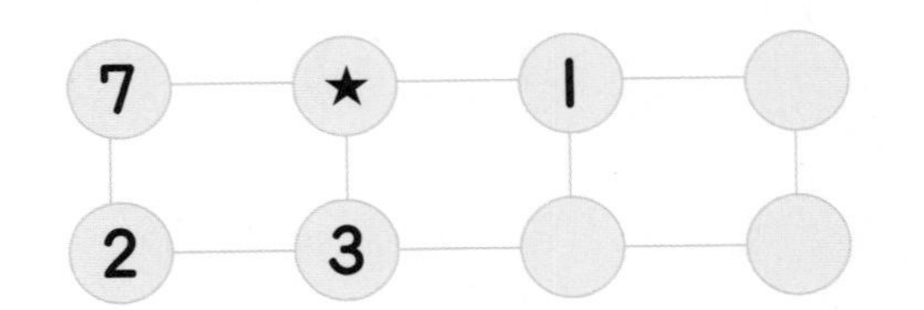

보기

1부터 6까지의 수를 한 번씩만 사용하여 ⬚에 있는 네 수의 합이 같도록 채웠습니다.

1 6 2
4 5 3

18 오른쪽 □ 안에 2부터 8까지의 수를 한 번씩 써넣어 그 줄에 놓인 세 수의 합이 ○ 안의 수가 되도록 할 때, ㉮에 알맞은 수를 구해 보세요.

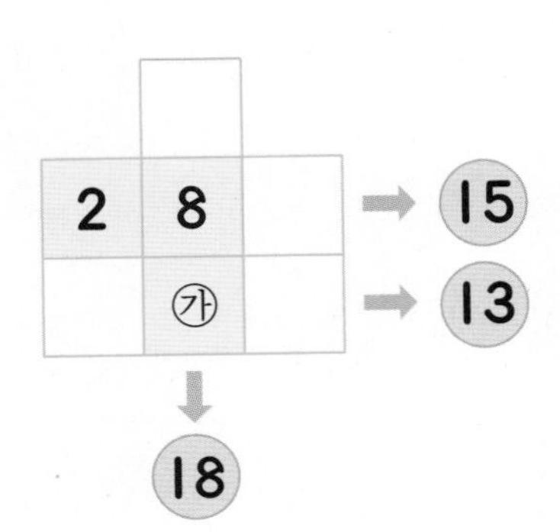

Jump 5 영재교육원 입시대비문제

1 다음 표에서 가로줄(→)과 세로줄(↓)의 수의 합이 각각 **10**이 되도록 표를 완성했을 때 **2**번씩 쓰이는 수들의 합을 구해 보세요.

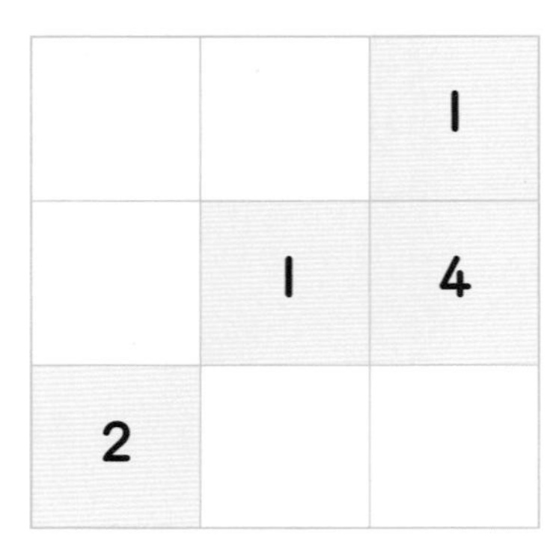

		1
	1	4
2		

2 주어진 **4**개의 수를 □ 안에 모두 써넣어 식이 성립하도록 하려고 합니다. 모두 몇 개의 식을 만들 수 있나요?

2, 3, 4, 5

□－□＋□＝□

단원 3

모양과 시각

1 여러 가지 모양 찾아보기

2 여러 가지 모양 알아보기

3 여러 가지 모양으로 꾸며 보기

4 몇 시 알아보기

5 몇 시 **30**분 알아보기

이야기 수학

바퀴의 등장과 변천 과정

인류 역사상 위대한 발명품 중 하나인 바퀴는 고대 문명의 발상지인 메소포타미아에서 처음 그 모습을 드러냈다고 알려졌습니다.
통나무를 잘라 만든 간단한 원판 형태의 바퀴는 기원전 **5000**년경부터 사용됐다고 합니다. 이후 기원전 **3500**년경 나무 바퀴는 세 조각의 두꺼운 판자를 연결해 만든 형태로 진화했습니다.
기원전 **2000**년경에는 새로운 형태의 바퀴가 등장했는데 이는 우리가 흔히 알고 있는 형태인 바퀴살 바퀴로 원판형 바퀴보다 가벼워 빠르게 굴러가고 충격 흡수력도 좋았다고 합니다.
바퀴살 바퀴가 확산되어 탈 것에 활용되기 시작한 바퀴는 톱니바퀴, 물레바퀴 등으로 다양하게 응용되며 이로써 바퀴 문명의 역사가 펼쳐지게 됐습니다.

1. 여러 가지 모양 찾아보기

우리 주변에서 □, △, ○ 모양의 여러 가지 물건을 찾을 수 있습니다.

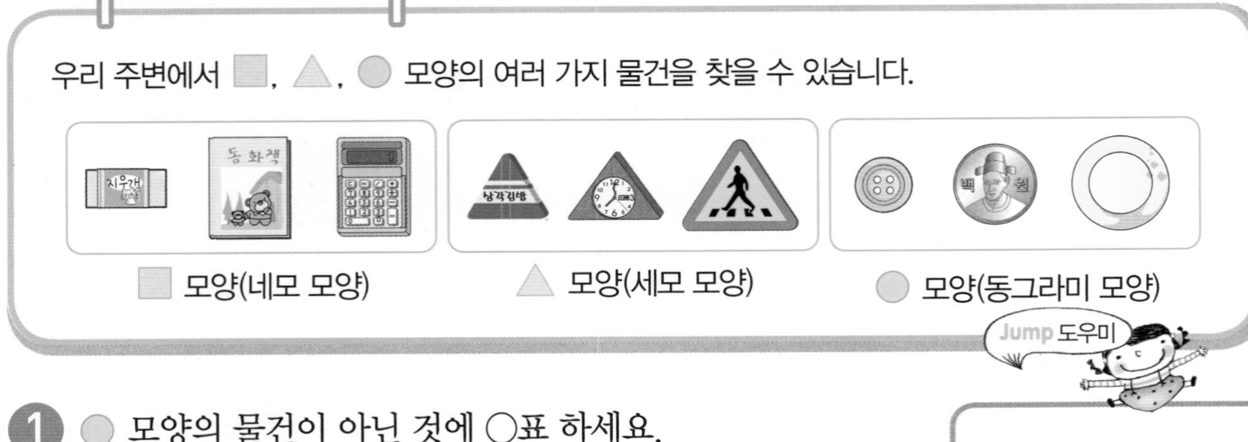

★ 단추, 동전, 접시 등과 같은 물건에서 ○ 모양을 찾을 수 있습니다.

1 ○ 모양의 물건이 아닌 것에 ○표 하세요.

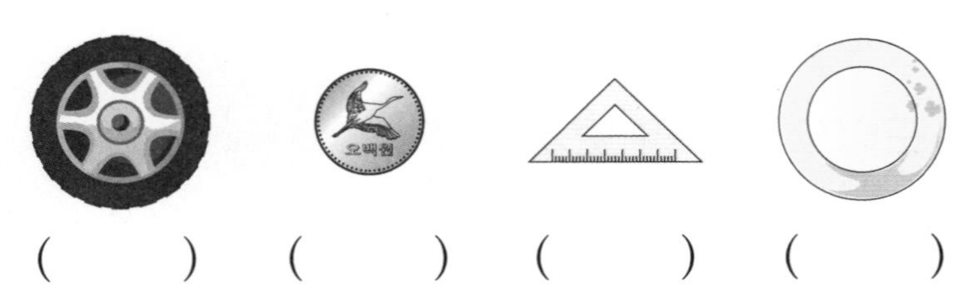

( ) ( ) ( ) ( )

2 □ 모양의 물건을 모두 찾아 기호를 쓰세요.

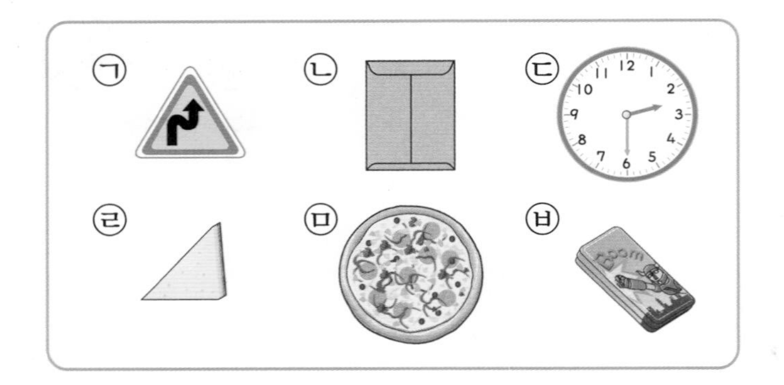

3 주변에서 왼쪽 모양의 물건을 찾아 각각 **3**가지씩 써 보세요.

□	
△	
○	

Jump 2 핵심응용하기

핵심 응용 주어진 물건을 종이 위에 대고 그렸을 때 ■, ▲, ● 모양 중에서 개수가 가장 적은 모양은 어떤 모양인가요?

주어진 물건을 종이 위에 대고 그린 모양을 생각해 봅니다.

풀이 ■ 모양의 물건을 찾아 기호를 쓰면 □, □, □이고 ▲ 모양의 물건을 찾아 기호를 쓰면 □, □이며 ● 모양의 물건을 찾아 기호를 쓰면 □, □, □입니다.

따라서 ■, ▲, ● 모양 중에서 가장 적은 모양은 □ 모양입니다.

답 ____________

1 보기 중에서 ■ 모양의 물건은 모두 몇 개인가요?

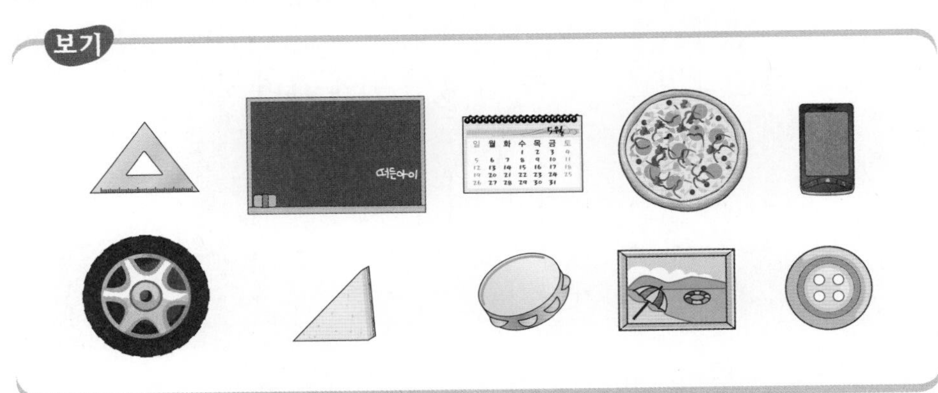

2 위 1의 보기 중 ● 모양의 물건은 ▲ 모양의 물건보다 몇 개 더 많은지 구해 보세요.

2. 여러 가지 모양 알아보기

□ 모양	△ 모양	○ 모양
상자를 대고 그린 모양으로 곧은 선으로 되어 있습니다. 뾰족한 곳이 **4**군데입니다.	삼각자를 대고 그린 모양으로 곧은 선으로 되어 있습니다. 뾰족한 곳이 **3**군데입니다.	동전을 대고 그린 모양으로 꺾이는 부분 없이 한 번에 그려집니다. 뾰족한 곳이 없습니다.

Jump 도우미

1 물건을 종이 위에 대고 그리면 어떤 모양이 되는지 선으로 이어 보세요.

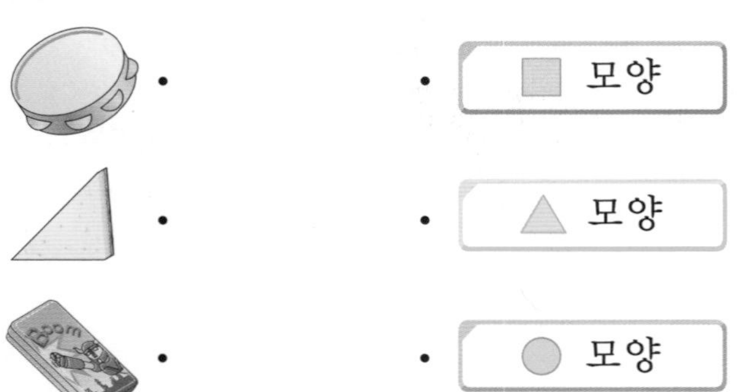

탬버린, 샌드위치, 필통을 대고 그릴 수 있는 모양을 알아봅니다.

2 왼쪽과 같은 모양을 오른쪽 점 종이 위에 그려 보세요.

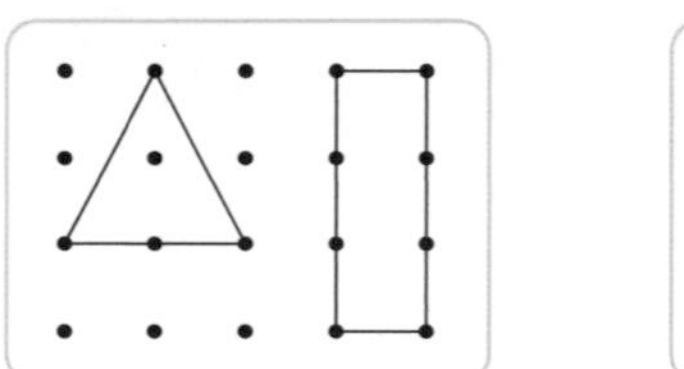

점 종이 위에 □, △ 모양을 그릴 때에는 자를 이용하여 그립니다.

3 왼쪽과 같은 모양을 모두 찾아 색칠해 보세요.

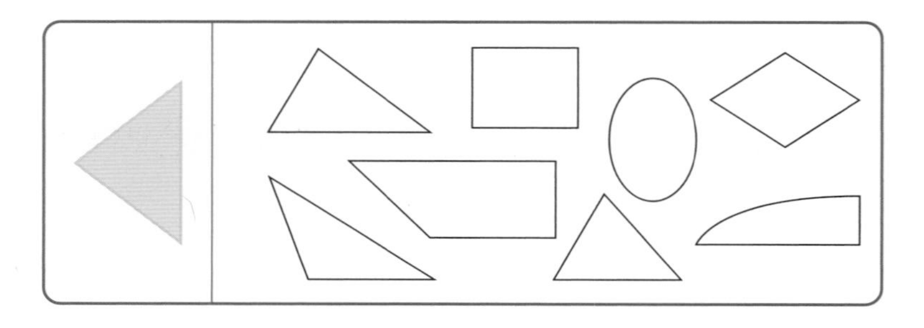

Jump 2 핵심응용하기

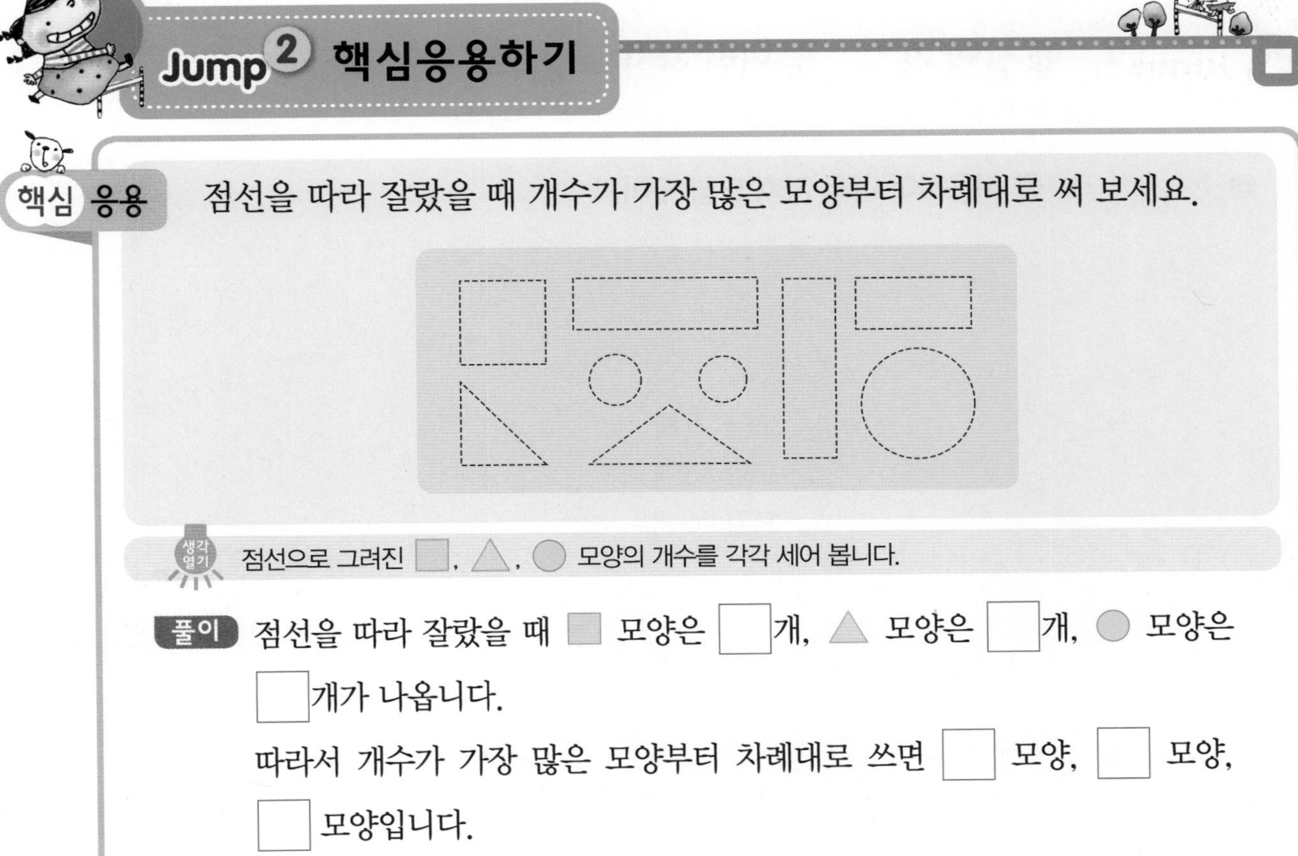

핵심 응용 점선을 따라 잘랐을 때 개수가 가장 많은 모양부터 차례대로 써 보세요.

생각열기 점선으로 그려진 ▢, △, ○ 모양의 개수를 각각 세어 봅니다.

풀이 점선을 따라 잘랐을 때 ▢ 모양은 ☐개, △ 모양은 ☐개, ○ 모양은 ☐개가 나옵니다.
따라서 개수가 가장 많은 모양부터 차례대로 쓰면 ☐ 모양, ☐ 모양, ☐ 모양입니다.

답 ________________

확인 1 면봉을 사용하여 오른쪽 그림과 같은 모양을 만들었습니다. ▢ 모양은 모두 몇 개인가요?

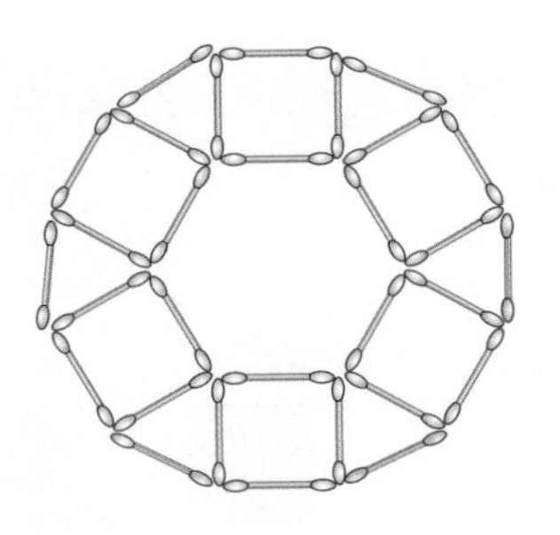

확인 2 그림과 같은 색종이를 점선을 따라 자르면 어떤 모양이 각각 몇 개씩 만들어지나요?

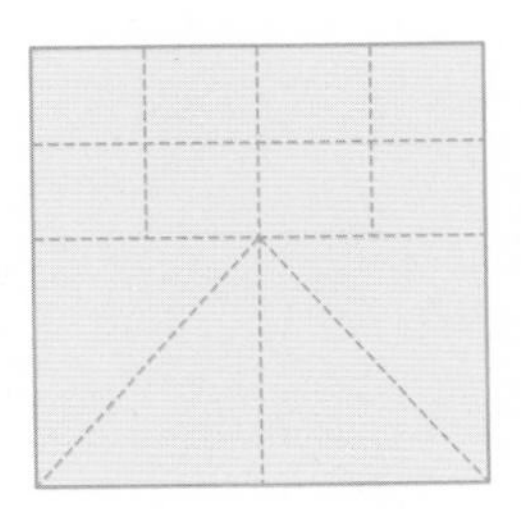

3 단원

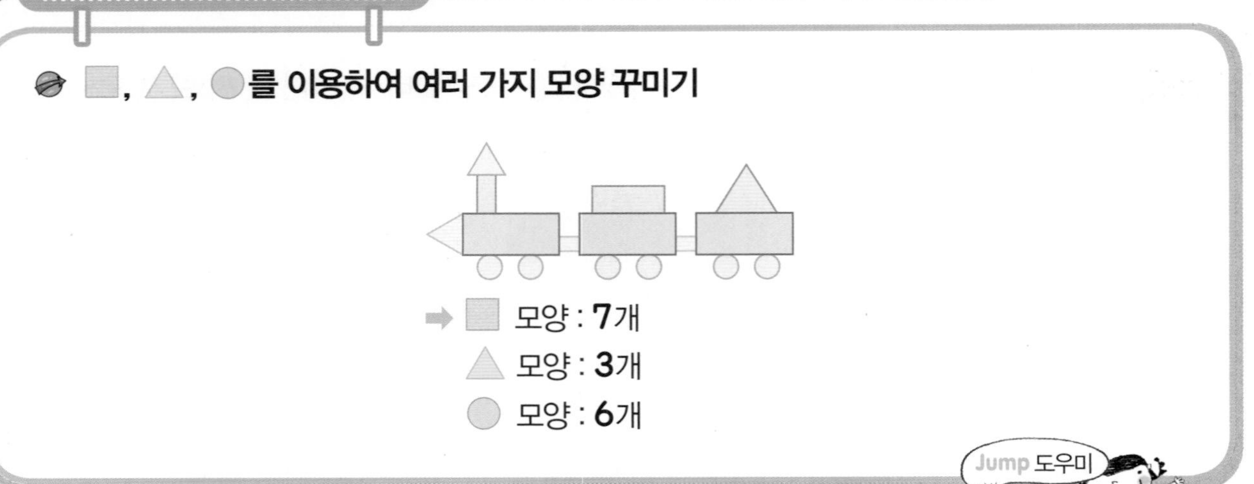

■, ▲, ●를 이용하여 여러 가지 모양 꾸미기

➡ ■ 모양 : **7**개
▲ 모양 : **3**개
● 모양 : **6**개

Jump 도우미

1 다음 그림에서 가장 많이 사용된 모양은 어떤 모양인가요?

2 보기 와 같은 모양을 찾아 같은 색으로 칠해 보세요.

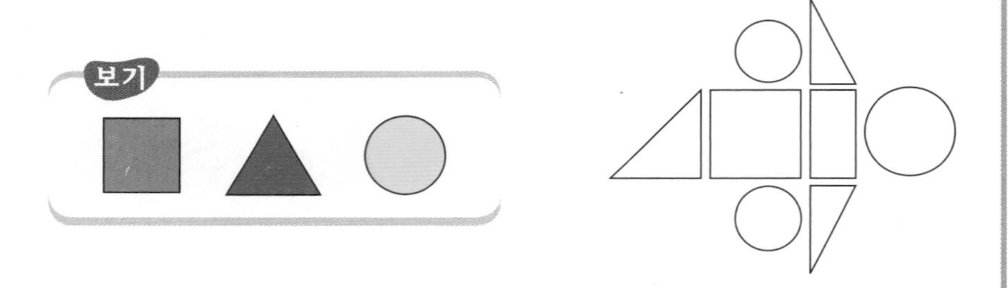

3 그림에서 찾을 수 있는 ■ 모양은 모두 몇 개인가요?

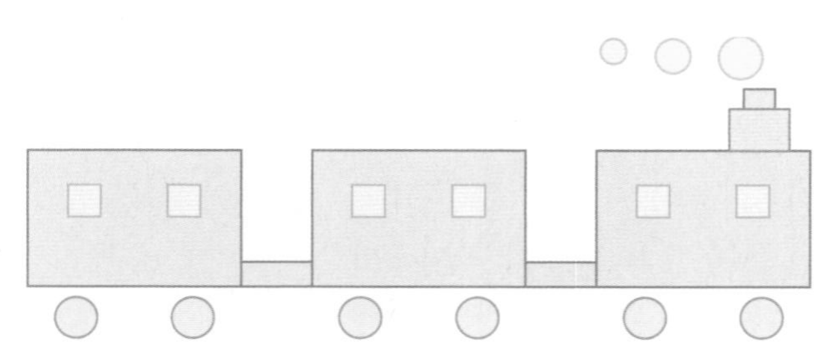

Jump ② 핵심응용하기

핵심 응용 면봉 **11**개를 그림과 같이 늘어놓으면 가장 작은 △ 모양을 몇 개 만들 수 있나요?

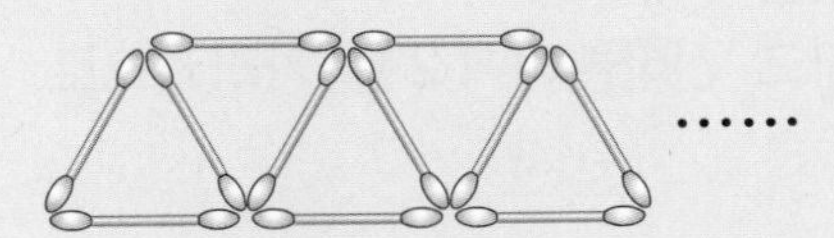

생각열기 작은 △ 모양이 **1**개씩 늘어날 때 면봉은 몇 개씩 늘어나는지 생각해 봅니다.

풀이 △ 모양 **1**개를 만드는 데 필요한 면봉은 □개, △ 모양 **2**개를 만드는 데 필요한 면봉은 □개, △ 모양 **3**개를 만드는 데 필요한 면봉은 □개이므로 △ 모양이 **1**개씩 늘어날 때마다 면봉은 □개씩 늘어납니다.

따라서 면봉 **11**개를 늘어놓으면 **3**+□+□+□+□=**11**(개)이므로 작은 △ 모양을 □개 만들 수 있습니다.

답 ____________

확인 1 오른쪽 그림에서 찾을 수 있는 △ 모양은 ○ 모양보다 몇 개 더 많나요?

확인 2 색종이를 그림과 같이 접은 후 점선을 따라 ○ 모양으로 오렸습니다. 만들어지는 ○ 모양은 몇 개인가요?

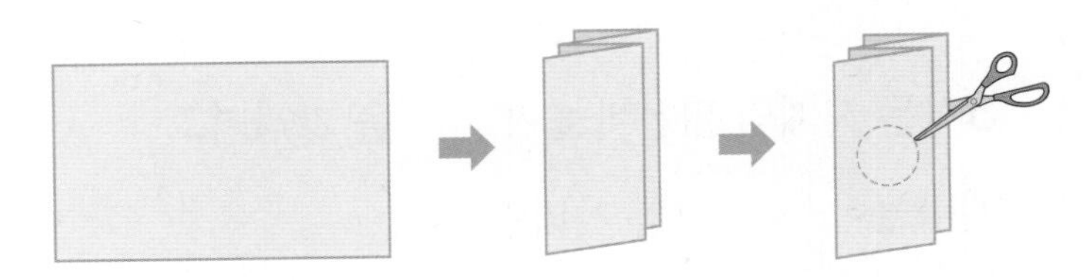

4. 몇 시 알아보기

- 시계의 짧은바늘은 '시'를 나타냅니다.
- 시계의 긴바늘이 **12**를 가리킬 때 짧은바늘이 가리키는 숫자에 '시'를 붙여 '몇 시'라고 읽습니다.
  ➡ 짧은바늘이 **2**를 가리키고 긴바늘이 **12**를 가리키므로 '두 시'라고 읽습니다.

2시

1 몇 시인지 써 보세요.

(1)

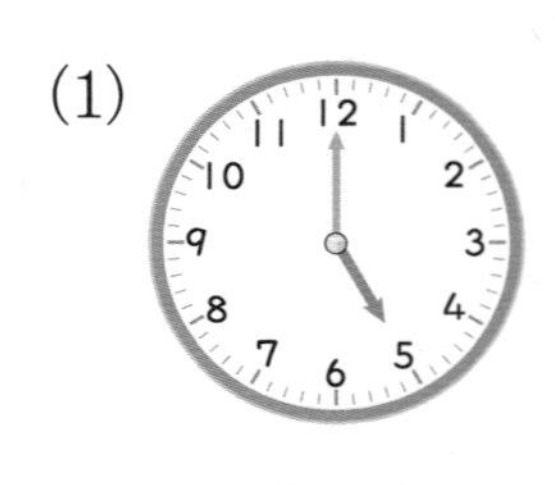

☐시

(2)

☐시

> 먼저 시계의 짧은바늘과 긴바늘이 가리키는 숫자를 각각 알아봅니다.

2 몇 시인지 알아보고 짧은바늘을 각각 알맞게 그려 넣으세요.

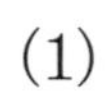

(1)

(2)

> 디지털시계에서 ':'의 앞에 있는 숫자는 '시'를 나타냅니다.

3 ☐ 안에 알맞은 수를 써넣으세요.

3시는 시계의 짧은바늘이 ☐을 가리키고 긴바늘이 ☐를 가리킵니다.

Jump 2 핵심응용하기

핵심 응용 일요일 낮에 텔레비전 프로그램이 시작하는 때가 몇 시인지 나타내었습니다. 가장 먼저 시작하는 것부터 차례대로 기호를 써 보세요.

㉠  ㉡  ㉢  ㉣ 

짧은바늘이 가리키는 숫자가 작을수록 빠른 시각입니다.

풀이 시계의 긴바늘이 [ ]를 가리킬 때 짧은바늘이 가리키는 숫자에 '시'를 붙여 몇 시로 읽습니다.

㉠의 시계는 [ ]시, ㉡의 시계는 [ ]시, ㉢의 시계는 [ ]시, ㉣의 시계는 [ ]시입니다.

따라서 가장 먼저 시작하는 것부터 차례대로 기호를 쓰면 [ ], [ ], [ ], [ ]입니다.

답 ____________

확인 1 왼쪽 시계는 몇 시인지 알아보고 1시간 늦은 시각을 오른쪽 시계에 나타내 보세요.

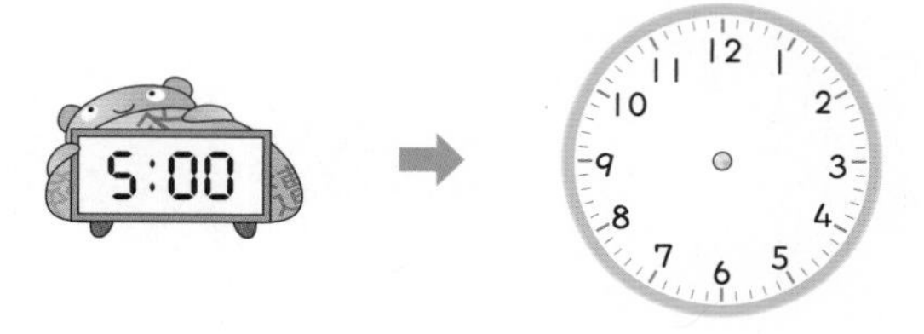

확인 2 오른쪽 시계의 긴바늘이 1바퀴 더 돌 때 몇 시인지 구해 보세요.

3 단원

5. 몇 시 30분 알아보기

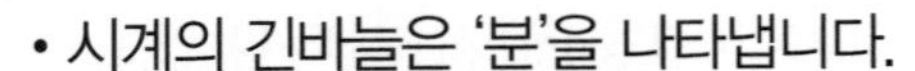

- 시계의 긴바늘은 '분'을 나타냅니다.
- 시계의 짧은바늘이 숫자와 숫자 사이를 가리키고 긴바늘이 6을 가리킬 때 '몇 시 30분'이라고 읽습니다.
  ➡ 짧은바늘이 2와 3 사이를 가리키고 긴바늘이 6을 가리키므로 '두 시 삼십분'이라고 읽습니다.
- 4시, 4시 30분 등을 시각이라고 합니다.

2시 30분

1 다음 시각을 써 보세요.

(1)

□시 □분

(2)

□시 □분

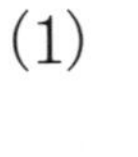

★ 시계의 긴바늘이 6을 가리키면 30분을 나타냅니다.

주의

시계의 짧은바늘이 두 숫자 사이에 있을 때는 지나온 숫자를 읽습니다.

2 시각에 맞도록 짧은바늘을 그려 보세요.

(1)

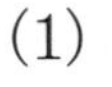

(2)

디지털시계에서 ':'의 뒤에 있는 숫자는 '분'을 나타냅니다.

3 □ 안에 알맞은 수를 써넣으세요.

12시 30분은 시계의 짧은바늘이 □와 □ 사이를 가리키고 긴바늘이 □을 가리킵니다.

Jump ② 핵심응용하기

핵심 응용 지혜네 모둠 학생들이 어느 날 학교 수업을 마치고 집에 돌아온 시각을 나타내었습니다. 집에 가장 먼저 돌아온 학생부터 차례대로 이름을 써 보세요.

지혜

영수

예슬

생각 열기 집에 돌아온 시각이 빠른 사람이 먼저 돌아온 것입니다.

풀이 시계의 짧은바늘이 숫자와 숫자 사이를 가리키고 긴바늘이 6을 가리킬 때 몇 시 ☐분으로 읽습니다.

집에 돌아온 시각을 알아보면 지혜는 ☐시 ☐분,

영수는 ☐시 ☐분, 예슬이는 ☐시 ☐분입니다.

따라서 집에 가장 먼저 돌아온 학생부터 차례대로 이름을 쓰면

☐, ☐, ☐입니다.

답 ________________

확인 **1** 왼쪽 시계가 나타내는 시각보다 **30**분 빠른 시각을 오른쪽 시계에 나타내 보세요.

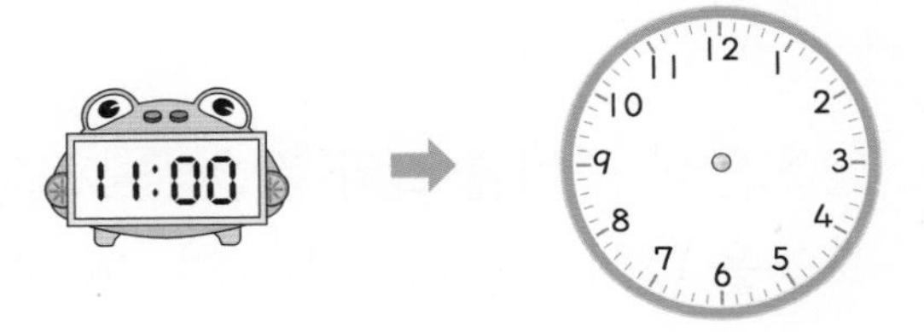

확인 **2** 한별이가 동화책을 읽기 시작한 시각을 나타낸 것입니다. 한별이가 동화책을 읽기 시작한 시각은 몇 시 몇 분인가요?

- 시계의 긴바늘이 **6**을 가리키고 있습니다.
- **7**시와 **9**시 사이의 시각입니다.
- **8**시보다 늦은 시각입니다

1 오른쪽 그림에서 찾을 수 있는 △ 모양은 □ 모양보다 몇 개 더 많나요?

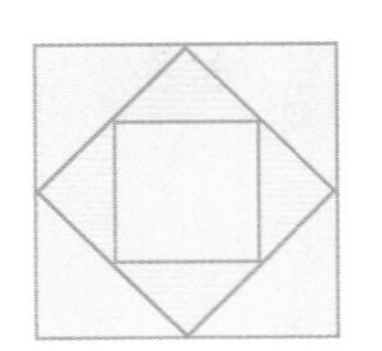

2 그림에서 찾을 수 있는 모양 중 가장 많은 모양은 가장 적은 모양보다 몇 개 더 많나요?

3 오른쪽 큰 □ 모양의 종이를 잘라 작은 □ 모양 가와 크기가 같은 □ 모양을 많이 만들려고 합니다. 가 모양과 크기가 같은 □ 모양은 몇 개까지 만들 수 있나요?

가

4 오른쪽 그림은 크기가 같은 △ 모양 **7**개를 겹치지 않게 이어 붙인 모양입니다. 어떻게 이어 붙인 것인지 점선으로 나타내 보세요.

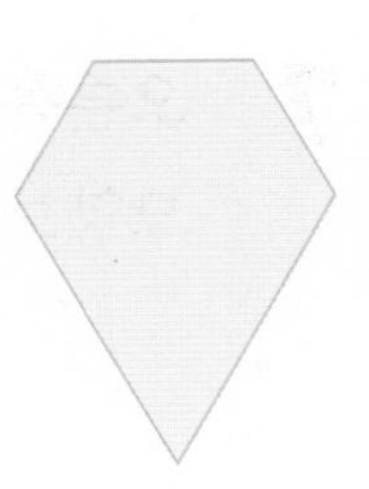

5 유승이가 가지고 있는 ■, △, ● 모양으로 다음과 같은 모양을 만들려고 했더니 ■ 모양이 **3**개, △ 모양이 **4**개 남고, ● 모양은 **5**개가 부족했습니다. 유승이가 처음 가지고 있던 ■, △, ● 모양 중 가장 많은 모양의 개수와 가장 적은 모양의 개수의 차를 구해 보세요.

6 오른쪽 그림과 같이 ■, △, ● 모양을 겹치도록 놓았습니다. 가장 아래에 있는 모양은 어떤 모양인가요?

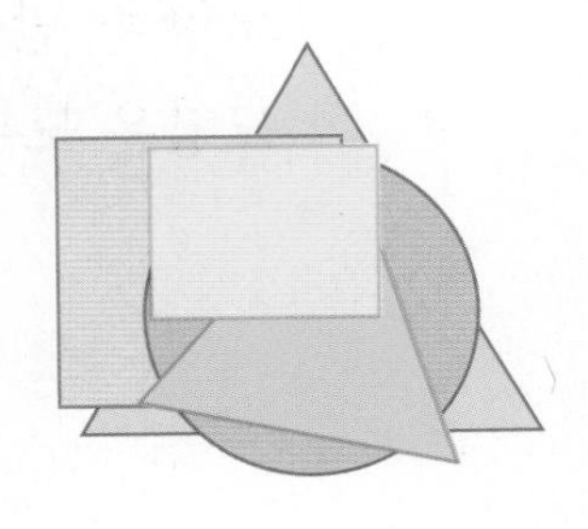

7 오른쪽 그림에서 가장 많이 사용한 모양은 가장 적게 사용한 모양보다 몇 개 더 많나요?

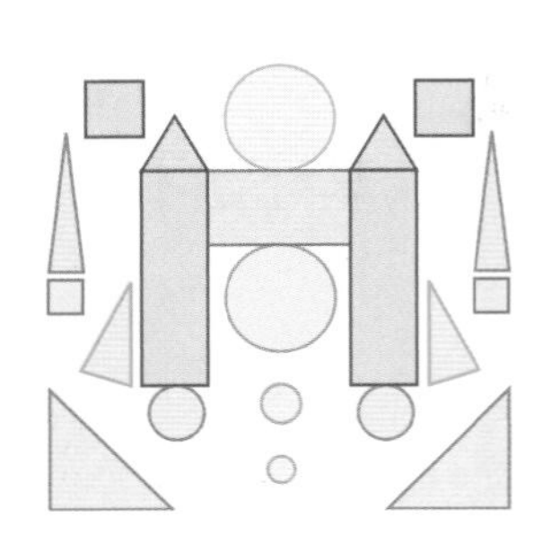

8 왼쪽과 같은 모양의 색종이 모양 조각 몇 개를 이어 붙여서 오른쪽과 같은 모양을 만들 때 사용한 색종이 모양 조각은 모두 몇 개인가요?

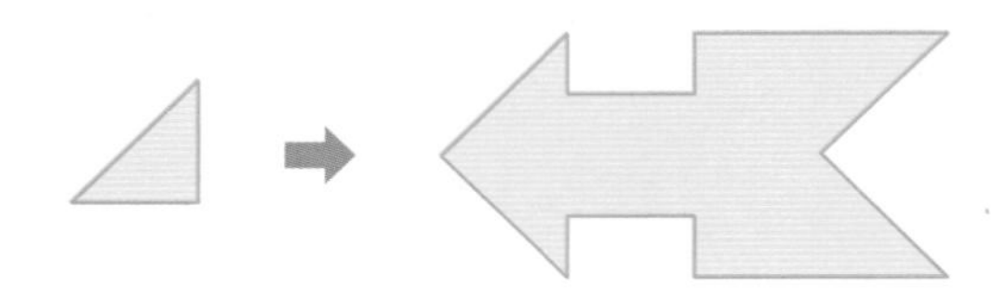

9 오른쪽 그림은 같은 크기의 작은 △ 모양을 여러 개 붙여서 □ 모양을 만든 것입니다. 색칠한 부분에 가려져 있는 작은 △ 모양은 모두 몇 개인가요?

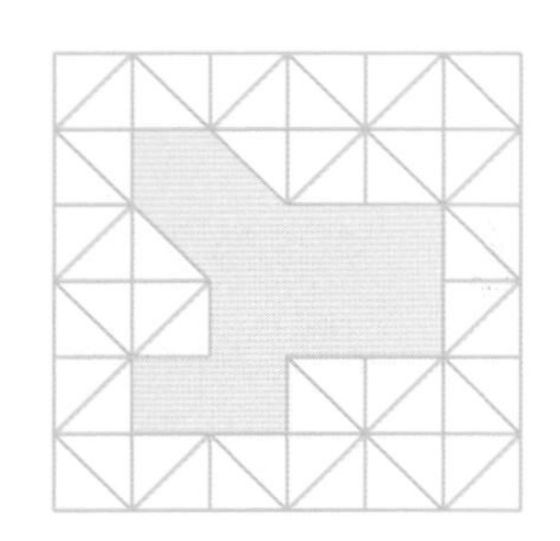

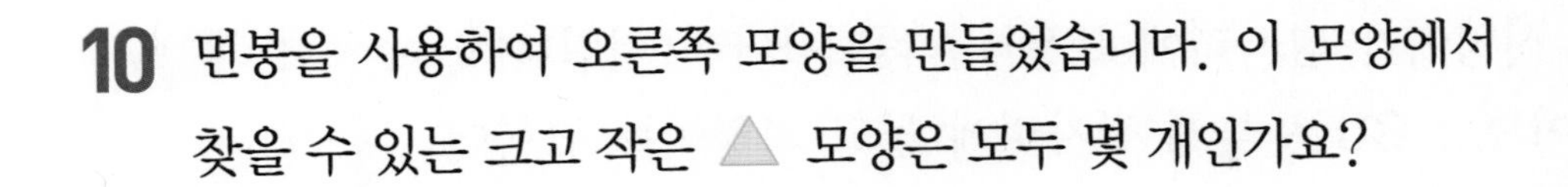

10 면봉을 사용하여 오른쪽 모양을 만들었습니다. 이 모양에서 찾을 수 있는 크고 작은 △ 모양은 모두 몇 개인가요?

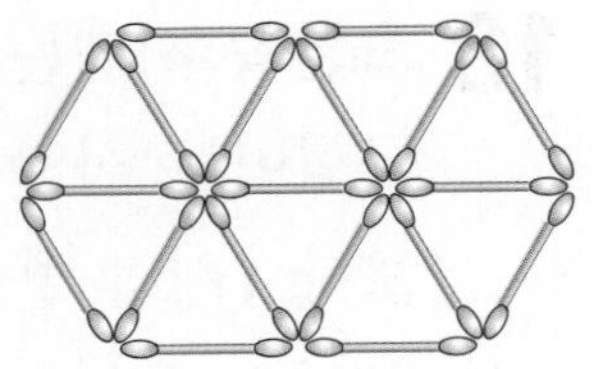

3 단원

11 9시와 12시 사이의 시각 중에서 시계의 긴바늘이 6을 가리키는 시각을 모두 구해 보세요.

12 동민이는 4시부터 시계의 긴바늘이 1바퀴 반 돌 때까지 운동을 하였고, 웅이는 1시부터 시계의 긴바늘이 4바퀴 돌 때까지 운동을 하였습니다. 더 늦은 시각까지 운동을 한 사람은 누구인가요?

13 오른쪽 시계는 신영이가 잠자리에 드는 시각을 나타낸 것입니다. 규형이는 신영이보다 **30**분 늦게 잠자리에 들고 가영이는 규형이보다 **1**시간 빨리 잠자리에 든다면 가영이가 잠자리에 드는 시각을 구해 보세요.

14 예슬이는 시계의 긴바늘이 **1**바퀴를 도는 동안 책을 읽은 후, 시계의 긴바늘이 **2**바퀴를 도는 동안 블록쌓기 놀이를 하였습니다. 블록쌓기 놀이를 끝냈을 때의 시각이 **4**시 **30**분이었다면 예슬이가 책을 읽기 시작한 시각은 언제인지 구해 보세요.

15 시계의 짧은바늘은 **11**과 **12** 사이, 긴바늘은 **6**을 가리키고 있습니다. 이 시계의 긴바늘이 한 바퀴 반을 더 돌았을 때의 시각을 구해 보세요.

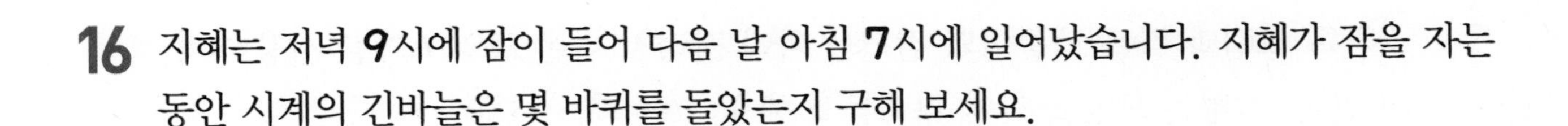

16 지혜는 저녁 **9**시에 잠이 들어 다음 날 아침 **7**시에 일어났습니다. 지혜가 잠을 자는 동안 시계의 긴바늘은 몇 바퀴를 돌았는지 구해 보세요.

17 용희와 친구들이 학교 수업을 마치고 집에 돌아온 시각을 나타내었습니다. 가장 늦게 돌아온 친구의 시각은 가장 일찍 돌아온 친구의 시각에서 시계의 긴바늘이 몇 바퀴 더 돈 후인가요?

용희

가영

규형

18 다음 설명에 알맞은 시각을 구해 보세요.

- **5**시와 **8**시 사이의 시각입니다.
- 시계의 긴바늘은 **6**을 가리키고 있습니다.
- 시계의 짧은바늘은 **5**보다 **8**에 더 가깝습니다.

1 오른쪽 그림과 같은 색종이의 점선을 따라 잘라서 나온 모양 **4**개를 사용하여 만들 수 없는 모양을 찾아 기호를 쓰세요.

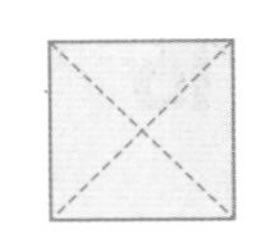

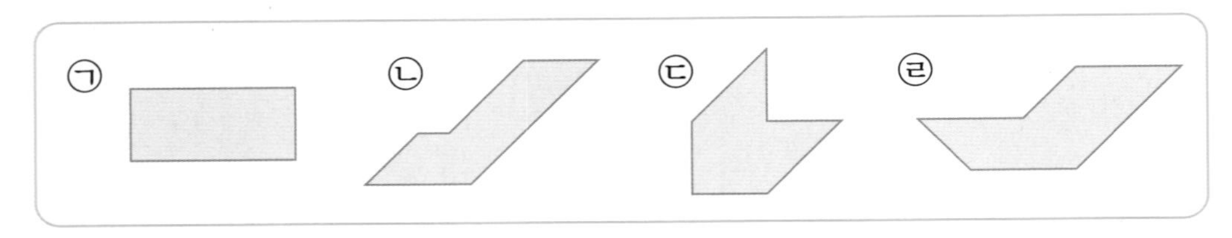

2 그림과 같이 ○ 모양의 종이를 **2**번 접은 후 빨간색 점선을 따라 잘라버리고 펼치면 어떤 모양이 몇 개 만들어지나요?

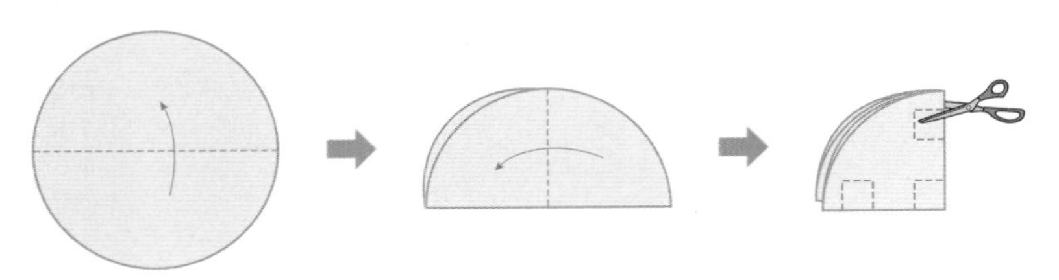

3 오른쪽 그림에서 찾을 수 있는 크고 작은 □ 모양은 모두 몇 개인가요?

4 오른쪽 그림은 크기가 같은 ■ 모양 **3**개와 ▲ 모양 **2**개를 이어 붙여 만든 모양입니다. 어떻게 이어 붙여 만든 모양인지 점선으로 나타내 보세요.

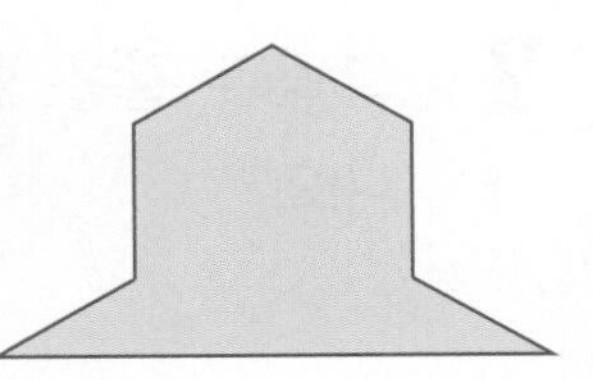

5 ■, ▲, ● 모양을 다음과 같은 방법으로 그릴 때 □ 안에 알맞은 모양을 그려 넣으세요.

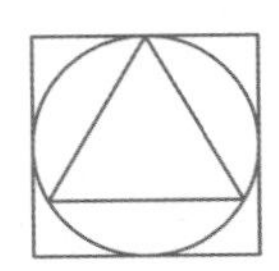 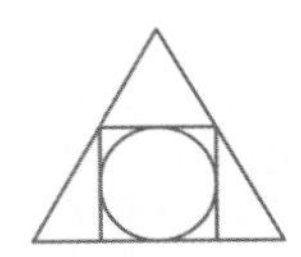 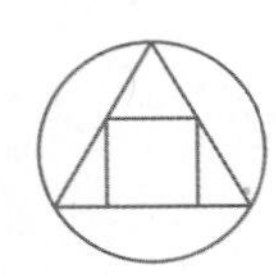  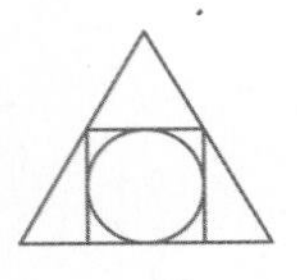

6 다음의 여러 가지 모양 중에서 **2**개의 조각을 맞추면 ▲ 모양이 만들어집니다. 어느 것과 어느 것을 맞추면 ▲ 모양이 만들어지는지 모두 찾아 기호를 쓰세요.

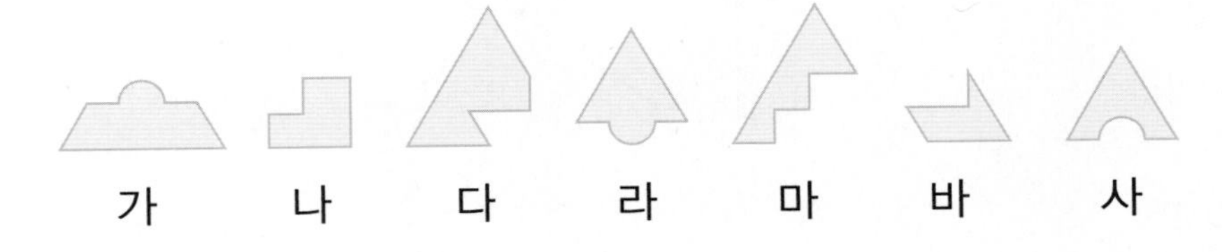

7 그림과 같은 방법으로 면봉 **22**개를 늘어놓으면 작은 ■ 모양은 모두 몇 개 생기나요?

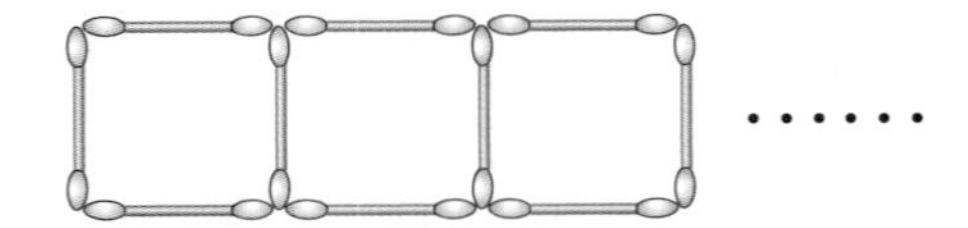

8 오른쪽 그림과 같이 **6**개의 점이 있습니다. 점과 점을 연결하여 그릴 수 있는 ■ 모양은 모두 몇 개인가요?

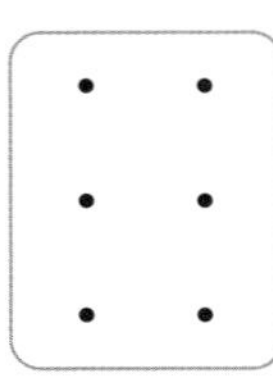

9 보기 와 같이 점 **3**개를 선으로 연결하여 △ 모양을 만들려고 합니다. 점 **5**개 중에서 점 **3**개를 선으로 연결하여 만들 수 있는 △ 모양은 모두 몇 개인가요? 단, 가장자리에 있는 점선을 이었을 때 이웃하는 두 점 사이의 길이는 같습니다.

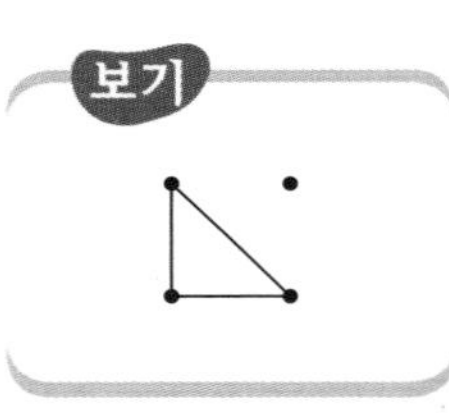

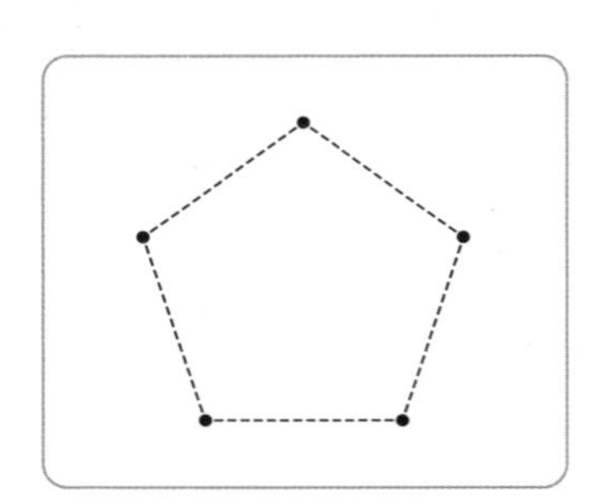

10 가에서 나와 같은 모양을 잘라내려고 합니다. 몇 개까지 잘라낼 수 있나요?

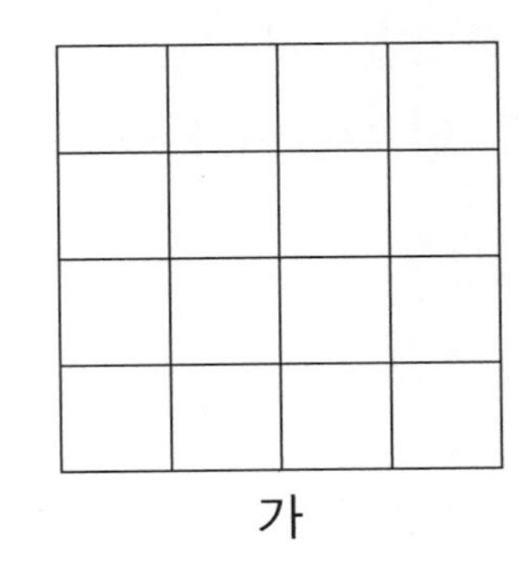

가

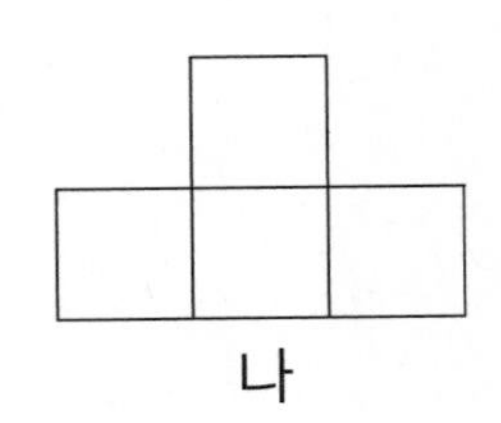

나

11 오른쪽 모양에서 찾을 수 있는 크고 작은 □ 모양은 모두 몇 개인가요?

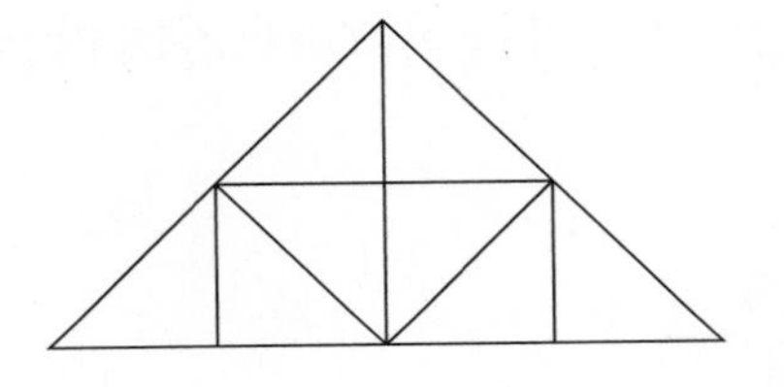

12 다음은 거울에 비친 시계입니다. **6**시에 가장 가까운 시각을 나타내는 시계를 찾아 기호를 쓰세요.

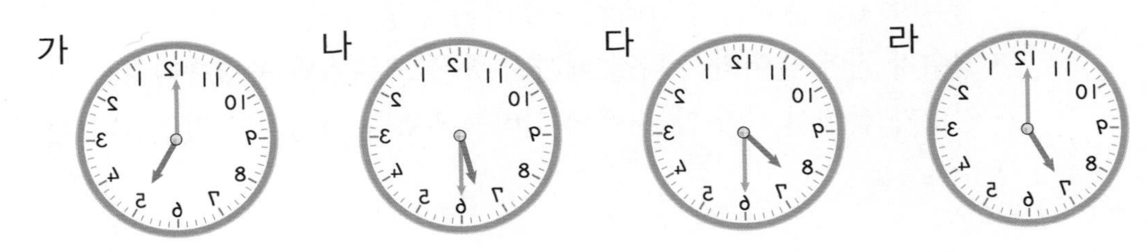

13 웅이, 효근, 예슬이는 **3**시부터 숙제를 하였습니다. 웅이는 **30**분 동안 숙제를 하였고 효근이는 웅이보다 **1**시간 더 숙제를 하였습니다. 예슬이는 효근이보다 시계의 긴바늘이 **2**바퀴 더 돌 때까지 숙제를 하였다면 예슬이가 숙제를 마친 시각은 언제인지 구해 보세요.

14 오른쪽은 거울에 비친 시계입니다. 이 시각에서 긴바늘을 시계가 돌아가는 방향으로 **2**바퀴 반을 더 돌리면 시계의 긴바늘과 짧은바늘이 각각 가리키는 숫자는 무엇인지 구해 보세요.

15 영수네 집에 있는 시계에 대한 설명입니다. 영수가 집에 **12**시 **30**분에 들어갔다면 집에서 나온 시각을 구해 보세요.

- 정각마다 짧은바늘이 가리키는 숫자만큼 종이 울립니다.
- 영수가 집에 들어와서 나갈 때까지 종은 모두 **6**번 울렸습니다.
- 영수가 집에서 나갈 때 시계의 긴바늘은 **6**을 가리키고 있었습니다.

16 다음 시계의 긴바늘이 **36**바퀴 도는 동안 짧은바늘은 몇 바퀴 도나요?

17 유승이네 집의 안방 시계는 정확한 시각보다 **2**시간이 빠르고, 거실 시계는 정확한 시각보다 **1**시간이 늦습니다. 안방 시계의 시각이 오른쪽과 같을 때, 거실 시계는 몇 시를 나타내고 있나요?

안방 시계

18 형석이는 어떤 건물의 **1**층과 **3**층 사이의 계단을 청소하는 데 **30**분이 걸린다고 합니다. **8**시에 시작하여 같은 빠르기로 **8**층과 지하 **3**층 사이의 모든 계단의 청소를 마쳤을 때 시각은 몇 시 몇 분인지 구해 보세요. (단, **0**층은 없습니다.)

Jump 5 영재교육원 입시대비문제

1 가로줄과 세로줄에 ■, ▲, ● 모양을 각각 한 개씩만 넣으려고 합니다. 빈칸에 알맞은 모양을 그려 넣으세요.

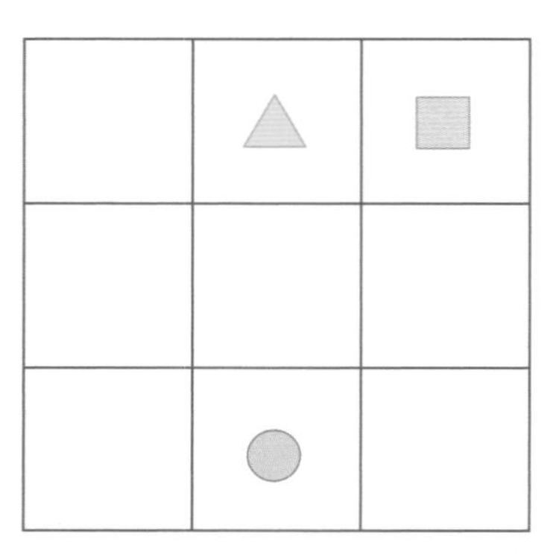

2 영수는 그림과 같은 모형 시계를 1조각에 2개의 숫자가 들어가도록 6조각으로 나누었습니다. 영수가 나눈 조각에 있는 두 숫자의 합이 모두 같았다면 어떤 방법으로 시계를 나누었는지 그려 보세요.

단원 4

덧셈과 뺄셈(2)

1 받아올림 있는 (몇)+(몇)의 여러 가지 방법

2 받아올림 있는 (몇)+(몇)

3 여러 가지 덧셈하기

4 받아내림 있는 (십몇)−(몇)의 여러 가지 계산 방법

5 받아내림 있는 (십몇)−(몇)

6 여러 가지 뺄셈하기

이야기 수학

보수를 이용한 빠른 계산법

요즘에 계산을 빠르고 정확하게 하기 위해 전자계산기를 사용합니다. 그런데 전자계산기가 없던 예전에는 어떻게 계산을 하였을까요?

예전에는 주판을 사용하였는데 기본적인 원리는 서로 더하여 10이 되는 수(보수)를 이용하여 계산하였지요.

9+1=10이므로 9의 보수는 1, 8+2=10이므로 8의 보수는 2, 같은 방법으로 7의 보수는 3, 6의 보수는 4, 5의 보수는 5입니다.

8+5의 계산은 8의 보수인 2가 들어가도록 5를 2와 3으로 가르기 한 후 계산하면 8+5=(8+2)+3=13, 7+7의 계산은 7의 보수인 3이 들어가도록 7을 3과 4로 가르기 한 후 계산하면 7+7=(7+3)+4=14 등으로 쉽고 정확하게 계산을 할 수 있었지요. 여러분도 보수를 활용하여 조금만 연습한다면 모두 계산왕이 될 수 있겠네요.

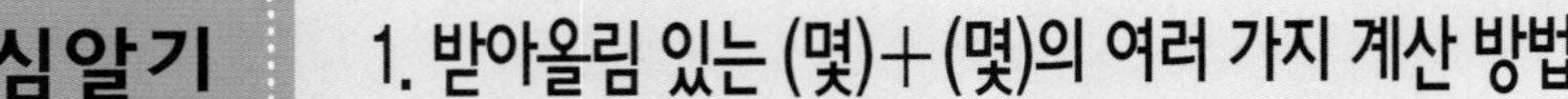

방법1 이어 세기로 구하기

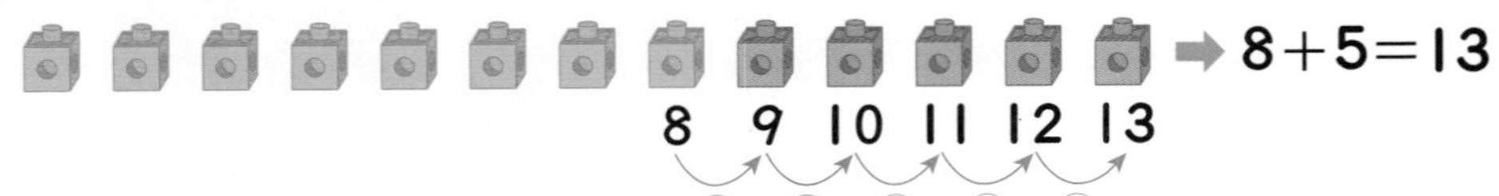

방법2 십 배열판에서 더하는 수 5만큼 △를 그려 구하기

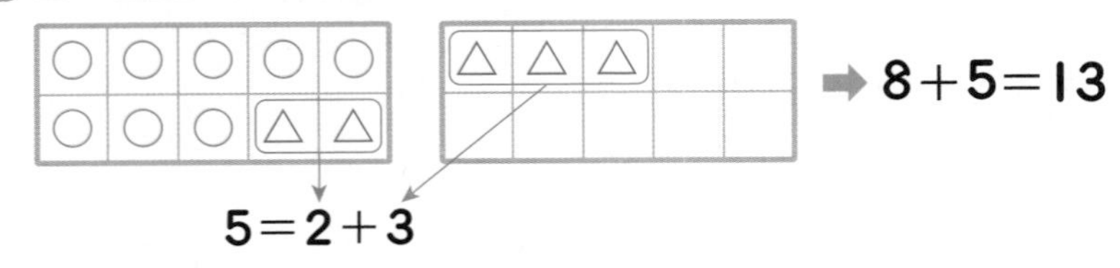

9+6은 얼마인지 여러 가지 방법으로 알아보세요. [1~3]

1 9에서 6을 이어 세어 보세요.

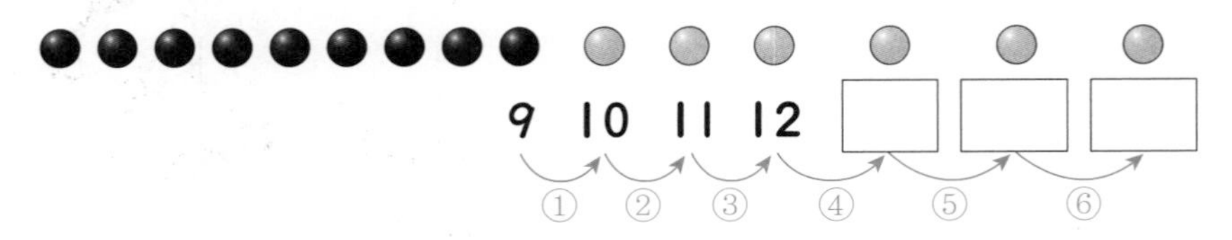

2 십 배열판에 더하는 수 6만큼 △를 그려 보세요.

△를 그려 넣어 십 배열판 한 개를 먼저 채워 넣습니다.

3 9+6은 얼마인가요?

$9+6=\square$

4 유승이는 감 7개와 귤 6개를 가지고 있습니다. 유승이가 가지고 있는 과일은 모두 몇 개인가요?

Jump 2 핵심응용하기

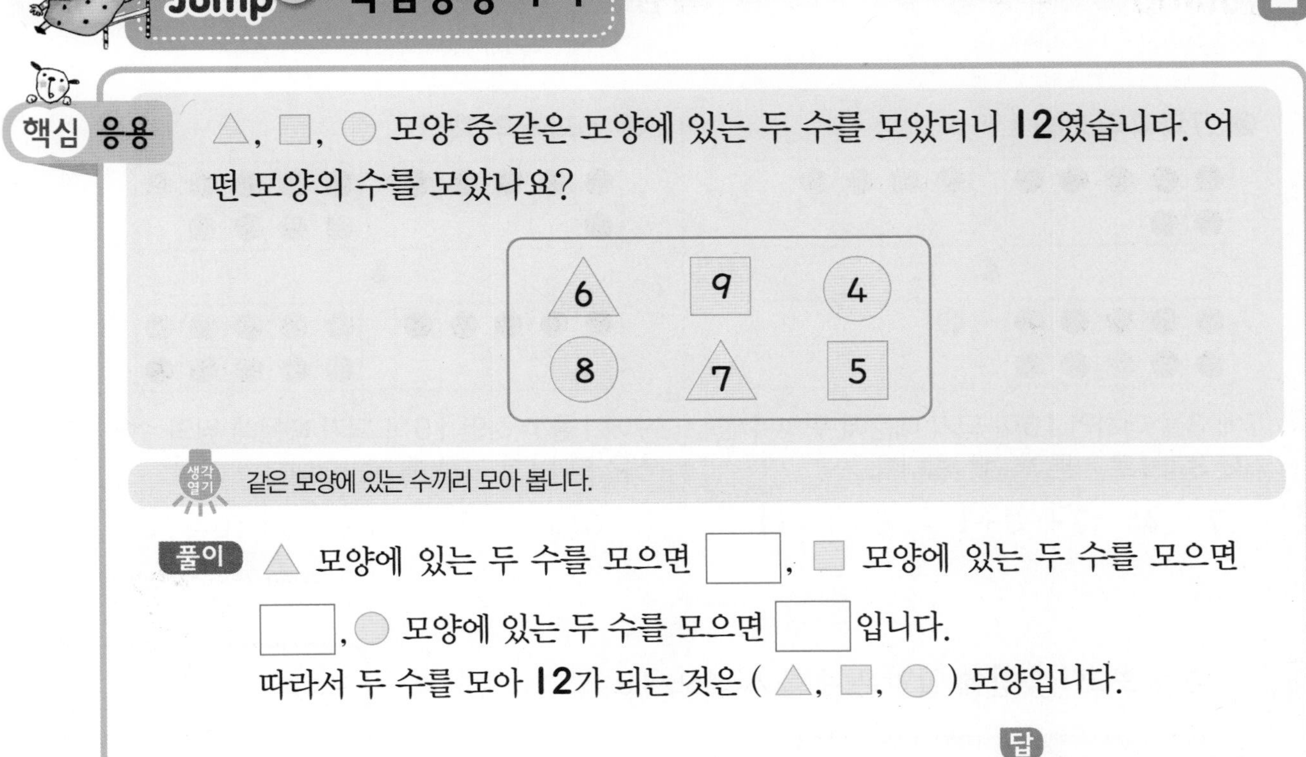

핵심 응용 △, □, ○ 모양 중 같은 모양에 있는 두 수를 모았더니 **12**였습니다. 어떤 모양의 수를 모았나요?

△	6, 7
□	9, 5
○	4, 8

생각열기 같은 모양에 있는 수끼리 모아 봅니다.

풀이 △ 모양에 있는 두 수를 모으면 ☐, □ 모양에 있는 두 수를 모으면 ☐, ○ 모양에 있는 두 수를 모으면 ☐입니다.
따라서 두 수를 모아 **12**가 되는 것은 (△, □, ○) 모양입니다.

답 ____________

4 단원

확인 1 주머니에 딸기 맛 사탕 **7**개와 초코 맛 사탕 **9**개가 들어 있습니다. 주머니에서 사탕 **10**개를 꺼낸다면 주머니에 남게 되는 사탕은 몇 개인가요?

확인 2 빈 곳에 들어갈 수의 합을 구해 보세요.

확인 3 위와 아래의 두 수를 모으면 **15**입니다. ㉠, ㉡, ㉢에 알맞은 수 중에서 가장 큰 수는 얼마인가요?

㉠	6	㉢
8	㉡	7

2. 받아올림 있는 (몇)+(몇)

7과 4의 계산

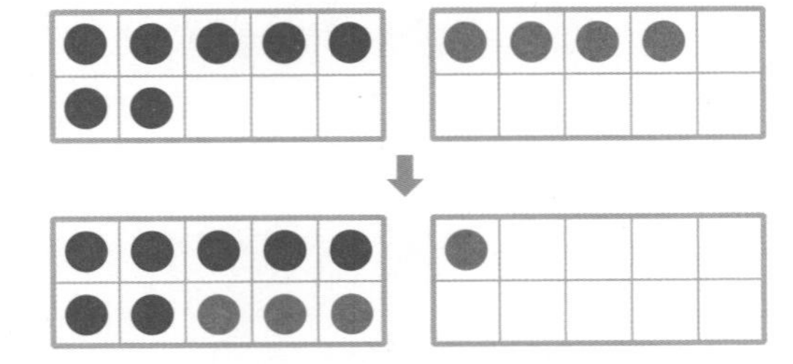

7에 3을 더하면 10이 되기 때문에 뒤의 수인 4를 3과 1로 가른 후 계산합니다.

7+ 4 =7+ 3+1 =10+1=11

6과 9의 계산

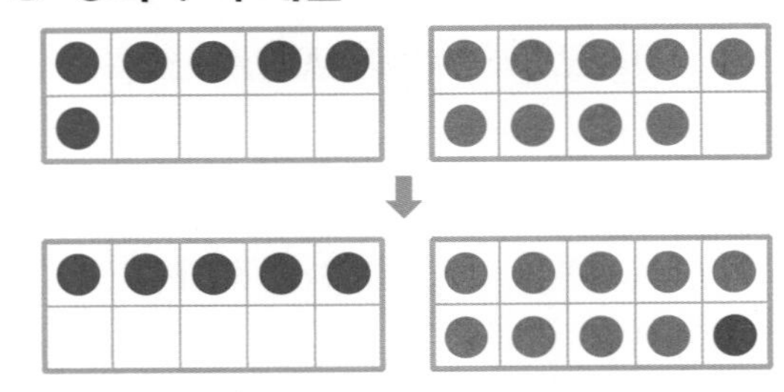

9에 1을 더하면 10이 되기 때문에 앞의 수인 6을 5와 1로 가른 후 계산합니다.

6 +9= 5+1 +9=5+10=15

Jump 도우미

1 그림을 보고 □ 안에 알맞은 수를 써넣으세요.

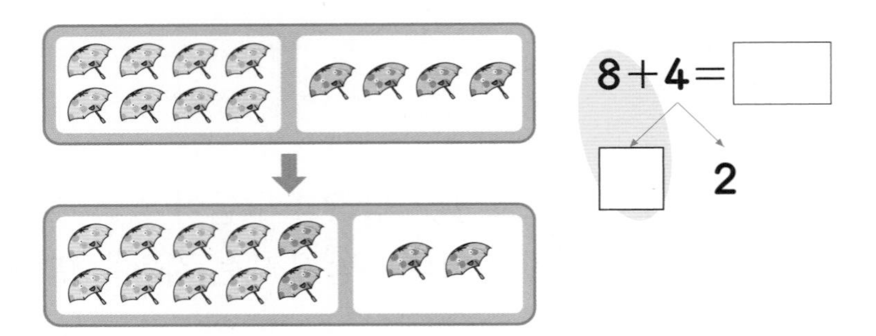

8+4=□

□ 2

★ 두 수 중 큰 수가 10이 되도록 작은 수를 갈라서 계산합니다.

2 □ 안에 알맞은 수를 써넣으세요.

(1) 9+3=9+1+□=10+□=□

(2) 5+6=1+□+6=1+□=□

★ (1) 9+3
9+1+□

(2) 5+6
1+□+6

3 두 수의 합을 구해 보세요.

(1) 7 6

(2) 8 9

★ 두 수 중에서 큰 수가 10이 되려면 몇이 더 필요한지 알아봅니다.

Jump 2 핵심응용하기

핵심 응용 용희는 노란색 풍선 **3**개, 하얀색 풍선 **4**개를 가지고 있고 동민이는 노란색 풍선 **6**개, 하얀색 풍선 **2**개를 가지고 있습니다. 용희와 동민이가 가지고 있는 풍선은 모두 몇 개인가요?

생각 열기 먼저 용희와 동민이가 가지고 있는 풍선의 수를 각각 구해 봅니다.

풀이 용희가 가지고 있는 풍선은 $3+4=\square$(개)이고 동민이가 가지고 있는 풍선은 $6+2=\square$(개)입니다.
따라서 용희와 동민이가 가지고 있는 풍선은 모두
$7+\square=5+\square+\square=5+\square=\square$(개)입니다.

답 ____________

확인 **1** 계산 결과를 비교하여 ○ 안에 >, <를 알맞게 써넣으세요.

(1) $3+9$ ○ $6+8$

(2) $7+8$ ○ $9+5$

확인 **2** 웅이는 귤을 어제는 **4**개 먹었고 오늘은 어제보다 **5**개 더 많이 먹었습니다. 웅이가 어제와 오늘 먹은 귤을 모두 몇 개인가요?

확인 **3** 효근이는 쇠구슬 **5**개와 유리 구슬 **8**개를 가지고 있고 규형이는 쇠구슬 **9**개와 유리 구슬 **6**개를 가지고 있습니다. 누가 구슬을 더 많이 가지고 있나요?

같은 수				
8	+	5	=	13
8	+	6	=	14
8	+	7	=	15
8	+	8	=	16
		1씩 커짐		1씩 커짐

같은 수에 1씩 커지는 수를 더하면 합은 1씩 커집니다.

		같은 수		
9	+	8	=	17
8	+	8	=	16
7	+	8	=	15
6	+	8	=	14
1씩 작아짐				1씩 작아짐

1씩 작아지는 수에 같은 수를 더하면 합은 1씩 작아집니다.

$6 + 9 = 15$

$9 + 6 = 15$

두 수를 서로 바꾸어 더해도 합은 같습니다.

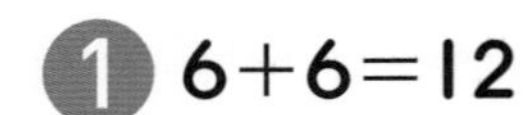
덧셈을 해 보세요. [1~4]

1 $6+6=12$

$6+7=\square$

$6+8=\square$

$6+9=\square$

2 $9+7=16$

$9+6=\square$

$9+5=\square$

$9+4=\square$

3 $8+4=12$

$7+5=\square$

$6+6=\square$

$5+7=\square$

4 $6+5=11$

$7+6=\square$

$8+7=\square$

$9+8=\square$

5 □ 안에 알맞은 수를 써넣고 알게 된 점을 써 보세요.

$4+9=\square$ $9+4=\square$

알게된 점 ______________________

____

★ 1~4.
덧셈에서 일정한 규칙을 찾아 계산하면 편리합니다.

Jump 2 핵심응용하기

핵심 응용 덧셈 규칙을 찾아 □ 안에 알맞은 식과 수를 써넣으세요.

6+6 12	6+7 13	6+8 14	6+9 15
7+6 13	7+7 14	7+8 15	7+9 16
8+6 14	8+7 15	8+8 16	□
9+6 15	9+7 16	□	□

생각열기 → 방향, ↓ 방향으로 어떤 덧셈 규칙이 있는지 알아봅니다.

풀이 → 방향으로 ＋의 오른쪽 수가 □씩 커지므로 합도 □씩 커집니다.

↓ 방향으로 ＋의 왼쪽 수가 □씩 커지므로 합도 □씩 커집니다.

따라서 □ 안에 알맞은 식과 수는 □, □, □입니다.

확인 1 1부터 9까지의 수 중에서 서로 다른 두 수의 합이 16이 되는 덧셈식 2개를 써 보세요.

□＋□＝16　　□＋□＝16

확인 2 유승이는 1번부터 20번까지 번호가 붙어 있는 계단을 올라갔습니다. 유승이는 6번 계단부터 시작하여 9계단을 올라갔습니다. 유승이가 서 있는 계단에 붙어 있는 번호를 구해 보세요.

12－4의 계산

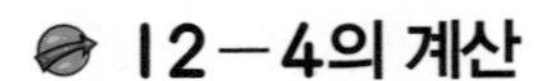

방법1 거꾸로 세어 구하기

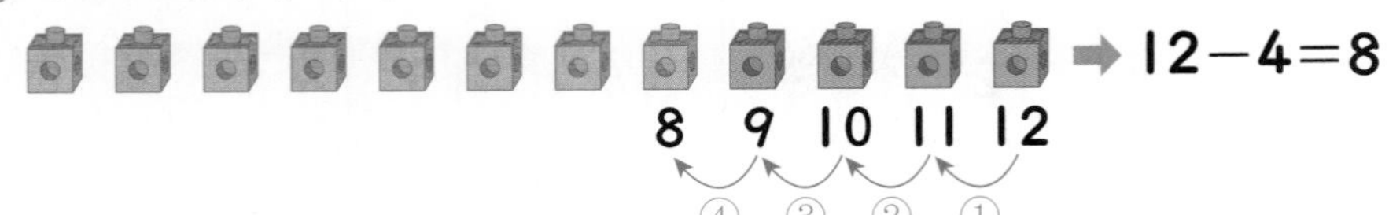

→ $12-4=8$

방법2 빼고 남은 것을 세어 구하기

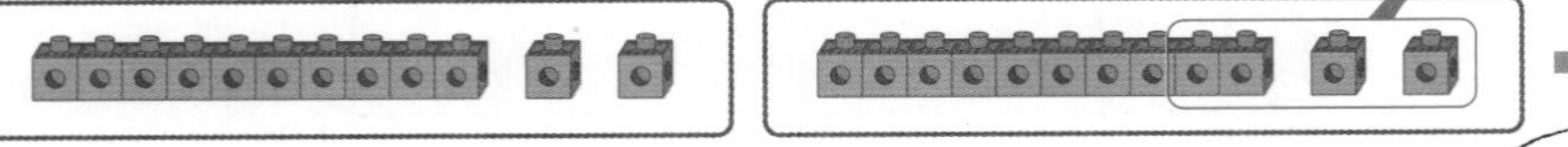

→ $12-4=8$

Jump 도우미

검은 바둑돌과 흰 바둑돌을 하나씩 짝지었을 때 남는 검은 바둑돌 개수를 알아봅니다.

1 바둑돌을 하나씩 짝지어 보고 **13－8**은 얼마인지 구해 보세요.

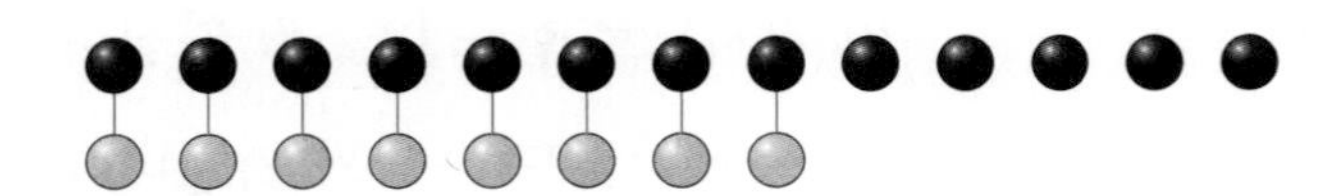

검은 바둑돌이 흰 바둑돌보다 □개 더 많습니다.

$13-8=\square$

2 사과는 감보다 몇 개 더 많은지 구해 보세요.

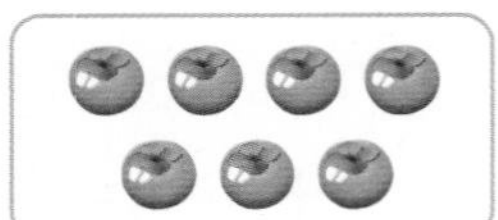

$15-\square=\square$

3 빨간색 구슬은 초록색 구슬보다 몇 개 더 많은지 구해 보세요.

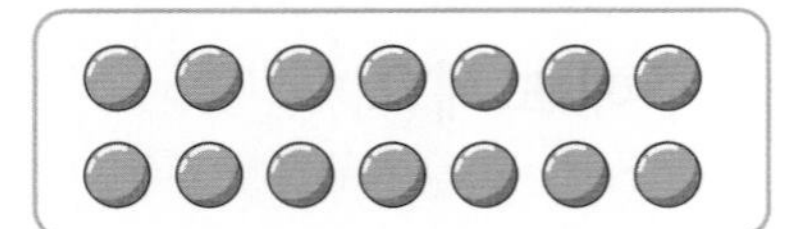

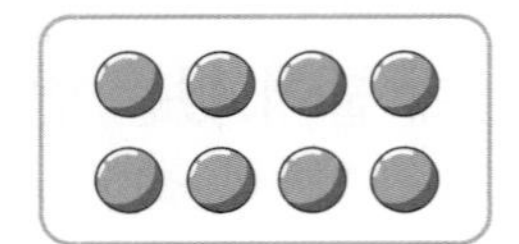

Jump 2 핵심응용하기

핵심 응용 유승이는 사탕을 16개 가지고 있었는데 9개를 먹었습니다. 남은 사탕은 몇 개인지 십 배열판을 이용하여 구해 보세요.

생각열기 처음 사탕의 개수만큼 ○를 그리고 먹은 사탕의 개수만큼 /으로 지운 후 남은 사탕의 개수를 알아봅니다.

풀이 유승이가 가지고 있는 사탕 □개 중에서 □개를 먹었으므로 남은 사탕의 개수를 세어 보면 □개입니다.

답 ______

확인 **1** 형석이와 예나는 계단 오르기를 했습니다. 형석이는 17계단을 올라가고 예나는 8계단을 올라갔습니다. 누가 몇 계단을 더 올라갔는지 구해 보세요.

확인 **2** 수빈이와 효심이는 같은 동화책을 사서 누가 더 빨리 읽는지 시합을 하였습니다. 수빈이는 7일만에 모두 읽었고 효심이는 15일만에 모두 읽었습니다. 누가 며칠 더 빨리 읽었는지 구해 보세요.

확인 **3** 카드에 적힌 두 수의 차가 더 큰 사람이 이기는 놀이를 하였습니다. 이긴 사람은 누구인가요?

호영이의 카드 : 14 9 수정이의 카드 : 11 3

( )

4 단원

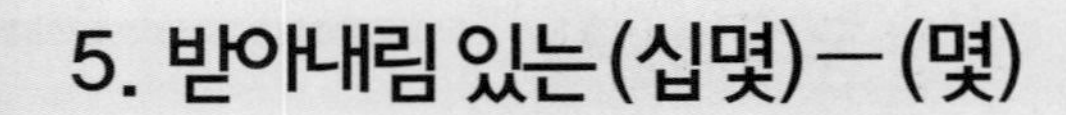

13－6의 계산

방법1

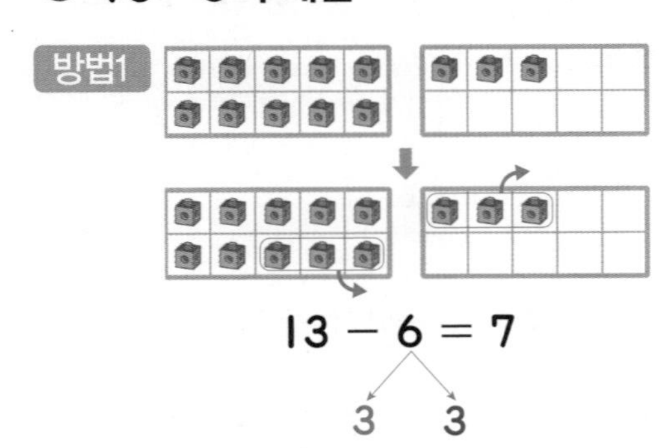

$$13 - 6 = 7$$

(6을 3과 3으로 가르기)

• 13에서 3을 먼저 빼서 10을 만든 후 나머지 3을 뺍니다.

• $13-6=13-3-3=10-3=7$

방법2

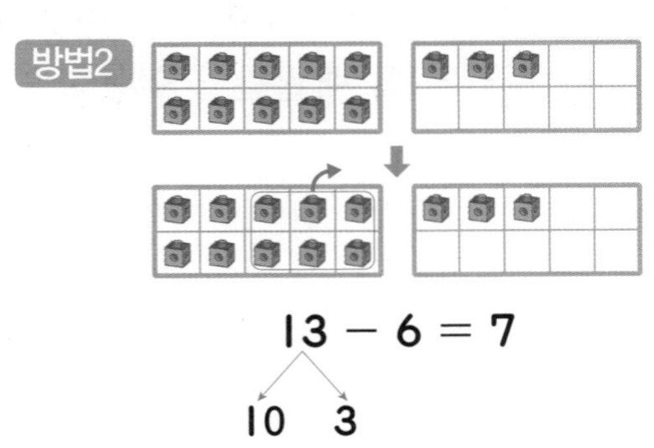

$$13 - 6 = 7$$

(13을 10과 3으로 가르기)

• 13을 10과 3으로 가르기 한 후 10에서 6을 빼고 3을 더합니다.

• $13-6=10-6+3=4+3=7$

1 그림을 보고 □ 안에 알맞은 수를 써넣으세요.

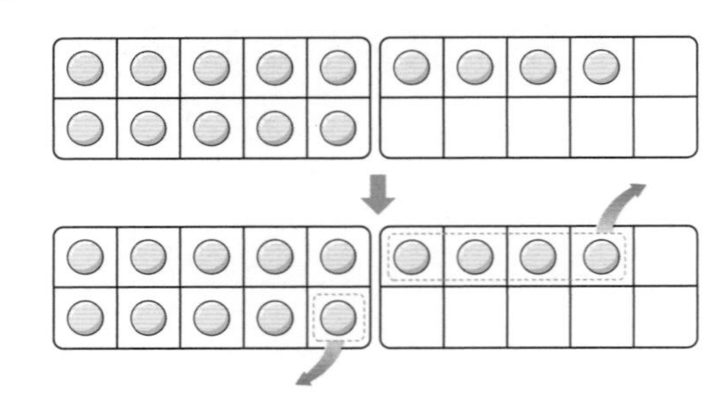

$14-5=\square$

(5를 □와 1로 가르기)

> 빼는 수를 빼지는 수의 낱개만큼 되도록 가르기 합니다.

2 □ 안에 알맞은 수를 써넣으세요.

(1) $12-7=12-\square-5=\square-5=\square$

(2) $17-8=10-8+\square=2+\square=\square$

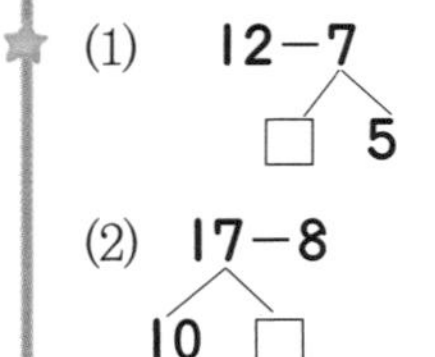

> (1) 12－7 (7을 □와 5로 가르기)
> (2) 17－8 (17을 10과 □로 가르기)

3 주머니 속에 11개의 구슬이 있습니다. 그중에서 6개를 꺼냈습니다. 주머니 속에 남은 구슬은 몇 개인가요?

Jump 2 핵심응용하기

핵심 응용 공원에 비둘기가 12마리 있고 참새는 비둘기보다 2마리 더 많이 있었습니다. 그중에서 참새 6마리가 날아갔다면 남은 참새는 몇 마리인가요?

생각열기 처음 공원에 있던 참새의 수를 구해 봅니다.

풀이 처음 공원에 있던 참새는 ☐+☐=☐(마리)입니다.

그중에서 참새 6마리가 날아갔다면 남은 참새는

☐−6=☐−6+4=☐+4=☐(마리)입니다.

답 ________

확인 1 가장 큰 수에서 가장 작은 수를 뺀 값을 구해 보세요.

10	7	11	8	14	9

(   )

확인 2 신영이는 위인전 15권과 동화책 12권을 가지고 있었습니다. 그중에서 위인전 7권과 동화책 5권을 가영이에게 주었습니다. 위인전과 동화책 중 어느 것이 더 많이 남았나요?

확인 3 냉장고 안에 사과가 15개, 배가 12개 있습니다. 감은 사과보다 8개 더 적게 있다면 배는 감보다 몇 개 더 많은지 구해 보세요.

4 단원

같은 수	1씩 커짐 / 1씩 커짐	같은 수
13 − 7 = 6	13 − 4 = 9	12 − 5 = 7
14 − 7 = 7	14 − 5 = 9	12 − 6 = 6
15 − 7 = 8	15 − 6 = 9	12 − 7 = 5
16 − 7 = 9	16 − 7 = 9	12 − 8 = 4
1씩 커짐, 1씩 커짐	1씩 커짐, 1씩 커짐	1씩 커짐, 1씩 작아짐
1씩 커지는 수에서 같은 수를 빼면 차는 1씩 커집니다.	1씩 커지는 수에서 1씩 커지는 수를 빼면 차는 같습니다.	같은 수에서 1씩 커지는 수를 빼면 차는 1씩 작아집니다.

뺄셈을 해 보세요. [1~4]

1 14−8=6
15−8=□
16−8=□
17−8=□

2 13−6=7
13−7=□
13−8=□
13−9=□

3 12−6=6
13−7=□
14−8=□
15−9=□

4 13−9=4
14−8=□
15−7=□
16−6=□

5 계산 결과가 나머지와 다른 뺄셈식을 찾아 ○표 하세요.

15−7 (　　) 16−8 (　　)

17−9 (　　) 18−9 (　　)

Jump 2 핵심응용하기

핵심 응용 뺄셈 규칙을 찾아 □ 안에 알맞은 식과 수를 써넣으세요.

15−6 9	15−7 8	15−8 7	15−9 6
	16−7 9	16−8 8	16−9 7
		17−8 9	□
			□

생각열기 → 방향, ↓ 방향, ↘ 방향으로 어떤 규칙이 있는지 알아봅니다.

풀이 → 방향으로 −의 오른쪽 수가 □씩 커지므로 두 수의 차는 □씩 작아집니다.

↓ 방향으로 −의 왼쪽 수가 □씩 커지므로 두 수의 차는 □씩 커집니다.

↘ 방향으로 −의 왼쪽의 수와 오른쪽의 수가 □씩 커지므로 두 수의 차는 같습니다.

따라서 □ 안에 알맞은 식과 수는 □, □입니다.

확인 1 오른쪽 그림에서 ★이 있는 칸에 들어갈 수와 차가 같은 뺄셈식 2개를 ★이 있는 칸을 제외한 칸에서 찾아 써 보세요.

12−7 5	12−8 4	12−9 3
13−7 6	★	13−9 4
14−7 7	14−8 6	14−9 5

□−□, □−□

확인 2 □ 안에 알맞은 두 수의 차를 구해 보세요.

12−6=15−□　　□−8=16−9

1 ㉠과 ㉡에 알맞은 수의 합을 구해 보세요.

㉠ +7=17−6
16− ㉡ =4+5

2 □ 안에 들어갈 수가 가장 큰 것부터 차례대로 기호를 쓰세요.

㉠ □−8=5 ㉡ 7+□=12
㉢ 8+7=□ ㉣ 18−□=9

3 예슬이는 빨간색 색종이 **7**장과 파란색 색종이 **6**장을 가지고 있고 상연이는 노란색 색종이 **9**장과 보라색 색종이 몇 장을 가지고 있습니다. 두 사람이 가지고 있는 색종이의 수가 같을 때, 상연이가 가지고 있는 보라색 색종이는 몇 장인가요?

4 2부터 9까지의 수를 모두 사용하여 다음 식을 만들었습니다. □ 안에 알맞은 수를 써넣으세요.

$$8+3=\square+\square=\square+\square=\square+\square$$

5 주어진 4장의 수 카드 중에서 2장을 뽑아 카드에 적힌 두 수를 더할 때 나올 수 있는 수는 모두 몇 가지인가요?

6 7 8 9

6 다음 5개의 수 중 서로 다른 세 수를 골라 더한 값이 16이 되도록 □ 안에 알맞게 써넣으세요.

3 5 6 7 8

$$\square+\square+\square=16$$
$$\square+\square+\square=16$$

7 11부터 19까지의 수 중에서 똑같은 두 수의 합으로 나타낼 수 있는 수를 모두 구해 보세요. 예를 들어 $8=4+4$이므로 8은 똑같은 두 수의 합으로 나타낼 수 있습니다.

8 6부터 11까지의 수 중 모든 홀수들의 합을 가, 모든 짝수들의 합을 나라고 할 때, 가－나는 얼마인가요?

9 ♥에 알맞은 수를 구해 보세요.

6＋2＋9＝★
★－8－3＝▲
15－7－▲＝♥

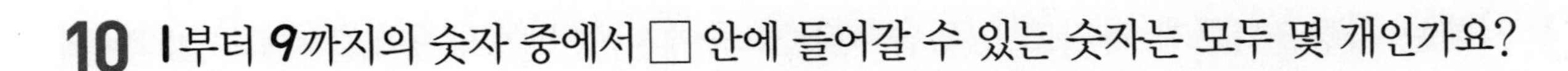

10 1부터 9까지의 숫자 중에서 □ 안에 들어갈 수 있는 숫자는 모두 몇 개인가요?

$$1\square - 8 > 16 - 7 - 2$$

11 ㉠과 ㉡의 합을 구해 보세요.

12−㉠−3=4
㉡+5+4=15

12 다음 식에서 +, −가 모두 빠져 있습니다. ○ 안에 알맞은 부호를 써넣어 식을 완성해 보세요.

7 ○ 5 ○ 3 ○ 4=13

13 지혜는 사탕을 17개 가지고 있었습니다. 그중에서 동생에게 9개를 주고 언니에게 몇 개를 받았더니 13개가 되었습니다. 지혜가 언니에게 받은 사탕은 몇 개인가요?

14 예슬이가 가지고 있는 토끼 인형은 4개이고 강아지 인형은 토끼 인형보다 3개 더 많습니다. 또, 곰 인형은 강아지 인형보다 5개 더 적습니다. 예슬이가 가지고 있는 인형은 모두 몇 개인가요?

15 다음과 같은 8장의 수 카드가 있습니다. 4명의 학생이 서로 다른 수 카드를 2장씩 뽑아 각각의 수 카드에 적힌 두 수끼리의 차를 구해 보았더니 모두 같았습니다. 차가 가장 크도록 같은 두 수씩 짝지어 보세요.

8 9 10 11 12 13 14 15

16 어떤 수에서 **5**를 뺀 후 **8**을 더해야 할 것을 잘못하여 **5**를 더한 후 **8**을 뺐더니 **10**이 되었습니다. 바르게 계산하면 얼마인가요?

17 귤이 **12**개 있습니다. 가영이와 언니가 귤을 나누어 가지는데 각각 적어도 한 개씩은 가진다고 합니다. 귤을 가영이가 언니보다 더 많이 가지는 경우는 모두 몇 가지인가요?

18 예슬이와 상연이는 과녁 맞히기 놀이를 하였습니다. 먼저 예슬이가 화살을 **3**번 던져 **8**점, **3**점, **6**점에 맞혔고 이어서 상연이가 화살을 **2**번 던져 **4**점, **7**점에 맞혔습니다. 상연이는 **3**번째 화살을 몇 점에 맞혀야 예슬이를 이길 수 있는지 모두 구해 보세요.(단, 과녁에는 **1**점부터 **10**점까지 적혀 있습니다.)

1 다음은 한솔이와 친구들이 가지고 있는 연필의 수를 나타낸 것입니다. 한솔, 웅이, 예슬이가 가지고 있는 연필의 수의 합이 효근, 가영이가 가지고 있는 연필의 수의 합과 같을 때, □ 안에 공통으로 들어갈 숫자를 구해 보세요.

이름	한솔	웅이	효근	예슬	가영
개수(자루)	7	5	1□	6	□

2 1, 3, 5, 7, 9 5장의 수 카드를 □ 안에 모두 놓아 같은 줄에 있는 세 수의 합이 17이 되도록 하였습니다. ㉠에 놓은 수 카드에 적힌 수는 얼마인가요?

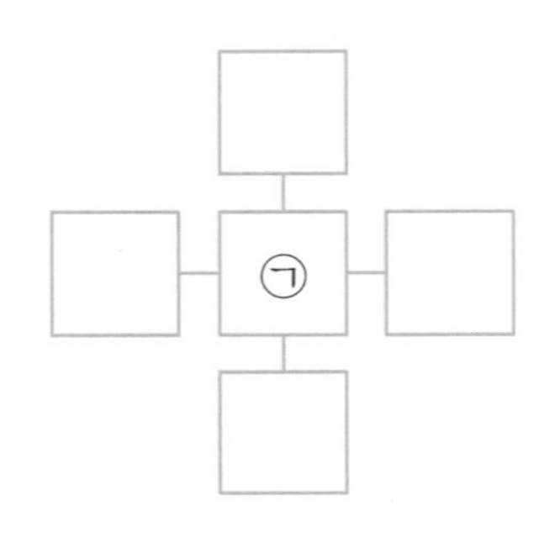

3 가영이의 목걸이에는 노란색 구슬이 5개, 파란색 구슬이 3개, 빨간색 구슬이 6개 꿰어져 있습니다. 목걸이가 끊어지면서 구슬을 몇 개 잃어버렸는데 남은 구슬은 색깔별로 구슬 수가 모두 같았습니다. 잃어버린 구슬 수가 될 수 있는 경우를 모두 구해 보세요.

4 **3**부터 **8**까지의 수를 모두 사용하여 색칠한 세모 모양에 있는 세 수의 합이 **15**가 되도록 하려고 합니다. 빈 곳에 알맞은 수를 써넣으세요.

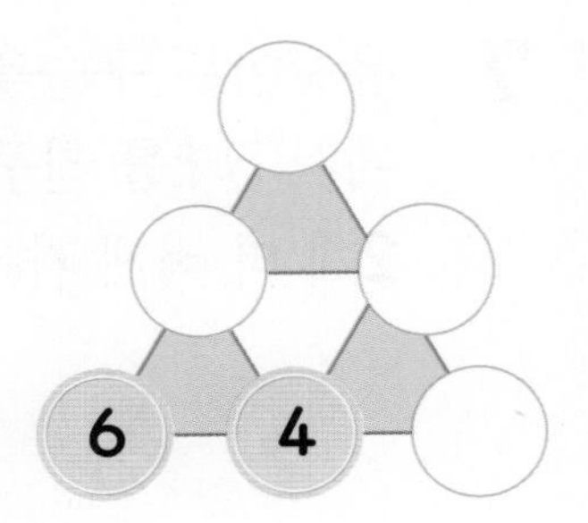

4
단원

5 웅이는 오른쪽 그림과 같은 점수판에 고리 던지기 놀이를 하였습니다. 서로 다른 곳에 **3**개의 고리를 걸어 얻은 점수의 합이 **14**점인 경우는 모두 몇 가지인가요? (단, **1**점, **2**점, **4**점에 고리를 걸은 경우와 **4**점, **2**점, **1**점에 고리를 걸은 경우는 같은 경우로 생각합니다.)

6 구슬 **11**개를 다음 그림과 같이 크기가 다른 **3**개의 주머니에 나누어 담으려고 합니다. 주머니가 클수록 구슬을 더 많이 담으려고 합니다. 나누어 담을 수 있는 방법은 모두 몇 가지인가요? (단, 구슬을 넣지 않는 주머니는 없습니다.)

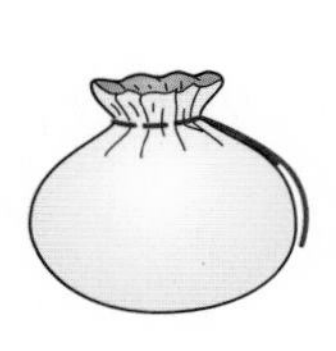
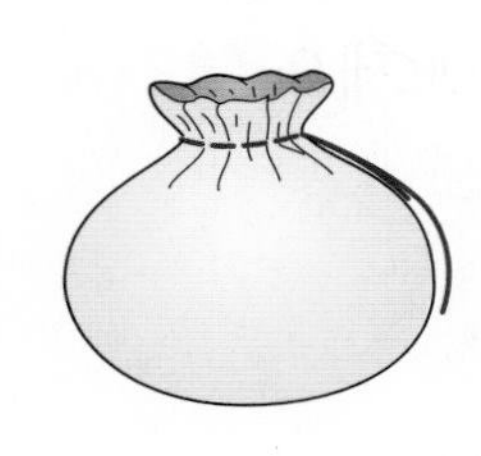

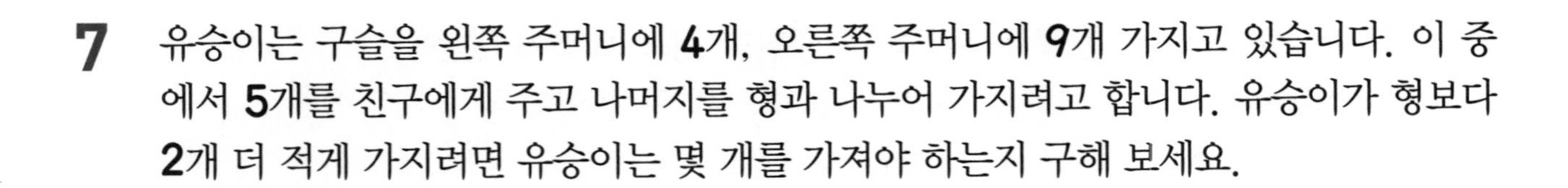

7 유승이는 구슬을 왼쪽 주머니에 4개, 오른쪽 주머니에 9개 가지고 있습니다. 이 중에서 5개를 친구에게 주고 나머지를 형과 나누어 가지려고 합니다. 유승이가 형보다 2개 더 적게 가지려면 유승이는 몇 개를 가져야 하는지 구해 보세요.

8 같은 모양은 같은 수를 나타냅니다. ★에 알맞은 수를 구해 보세요.

- ■+■=14
- ●+●+●=18
- ■+●+★=17

9 오른쪽의 □ 안에 1부터 9까지의 수를 한 번씩 써넣어 → 방향, ↓ 방향, ↘ 방향, ↙ 방향의 3개의 수의 합이 모두 같도록 하려고 합니다. ★에 알맞은 수를 구해 보세요.

★	1	
		7
	9	

10 규칙을 찾아 ★에 알맞은 수를 구해 보세요.

	7	
6	9	8

	8	
5	7	4

	9	
8	★	5

11 오른쪽 보기 와 같이 몇십몇의 10개씩 묶음의 수와 낱개의 수를 더하여 새로운 한 자리 수를 만들려고 합니다. 만든 한 자리 수가 **4**가 되는 몇십 또는 몇십몇은 모두 몇 개인지 구해 보세요.

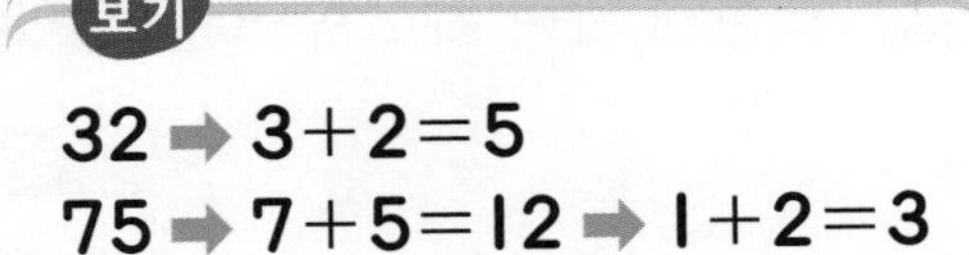
보기

32 ➡ 3+2=5
75 ➡ 7+5=12 ➡ 1+2=3

12 다음의 수 카드와 수 카드에 있는 **2**개의 수 또는 **3**개의 수의 합과 차를 이용하여 수를 만들 때, 만들 수 있는 수는 모두 몇 개인가요?

13 형석, 예나, 은지는 구슬을 몇 개씩 가지고 있습니다. 세 사람이 가지고 있는 구슬의 개수가 다음과 같을 때, 가장 많이 가진 사람과 가장 적게 가진 사람의 구슬 수의 차를 구해 보세요.

- 형석이와 유빈이가 가진 구슬은 모두 8개입니다.
- 유빈이와 은지가 가진 구슬은 모두 11개입니다.
- 형석이와 은지가 가진 구슬은 모두 9개입니다.

14 규칙에 따라 계산하여 □ 안에 알맞은 수를 써넣으세요.

규칙

(4, 2)=8　　[3, 10]=4
(8, 3)=14　　[1, 6]=4
(5, 6)=16　　[9, 3]=3

([5, 13], [15, 3])=□

15 예나, 형석, 수빈, 유승이가 구슬을 3개씩 뽑았습니다. 예나, 형석, 수빈이의 점수가 다음과 같을 때 유승이의 점수는 몇 점인지 구해 보세요. (단, 색깔별 점수는 같고, (파란 구슬의 점수)>(노란 구슬의 점수)>(빨간 구슬의 점수)입니다.)

예나 : ○○○ ➡ 7점　　형석 : ○○○ ➡ 10점

수빈 : ○○○ ➡ 15점　　유승 : ○○○ ➡ □점

16 같은 모양은 같은 수를 나타낸다고 할 때 ●－▲의 값을 구해 보세요.

■＋▲＝16 ■－▲＝2 ●＋▲＝18

17 유승, 수빈, 효심이는 각각 구슬을 몇 개씩 가지고 있었습니다. 처음에 유승이는 수빈이에게 4개를 주고 효심이에게 8개를 주었습니다. 다음에 효심이는 수빈이에게 3개를 주었더니 세 사람이 가진 구슬의 개수가 모두 같아졌습니다. 처음에 유승이는 수빈이보다 구슬을 몇 개 더 많이 가지고 있었는지 구해 보세요.

18 □ 안에 1부터 9까지의 수가 한 번씩 들어갑니다. ● 안의 수는 그 줄에 놓인 세 수의 합이라고 할 때 ㉮에 알맞은 수를 구해 보세요.

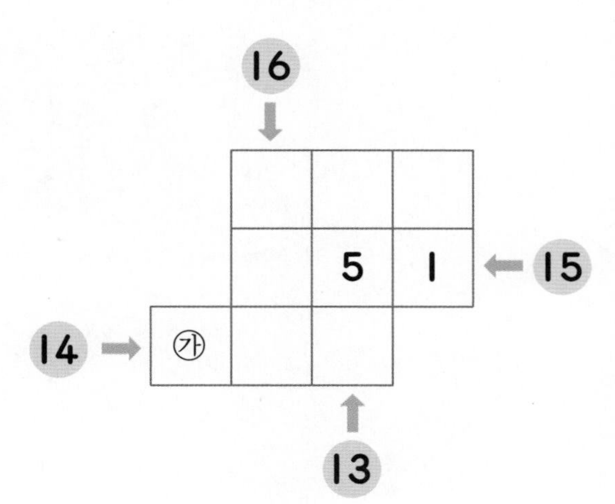

Jump 5 영재교육원 입시대비문제

1 가, 나, 다는 각각 한 자리 수입니다. 다가 될 수 있는 수를 모두 구해 보세요. (단, 나 > 가입니다.)

가 + 나 = 13

1 다 − 나 = 6

2 보기와 같은 규칙으로 1, 2, 3, 4를 제일 아래 칸에 써서 가장 위쪽의 수 ㉠이 가장 큰 수가 되거나 가장 작은 수가 되도록 만들려고 합니다. ㉠의 값 중 가장 큰 수와 가장 작은 수는 각각 얼마인가요?

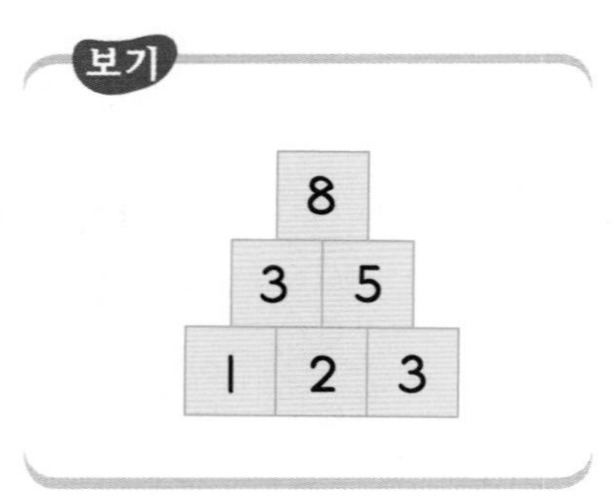

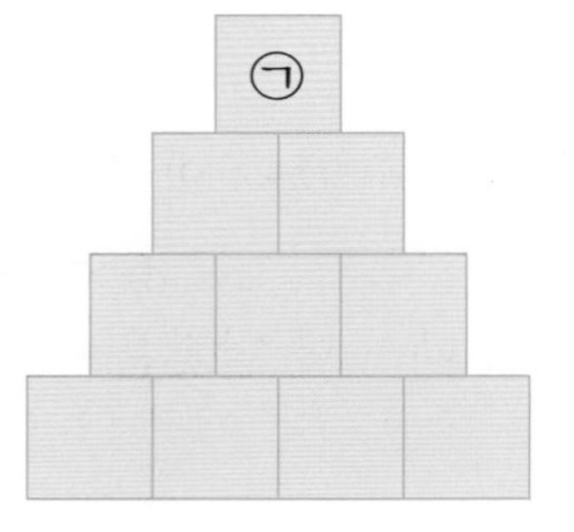

단원 5

규칙 찾기

1 규칙 찾기

2 규칙을 만들기

3 수 배열에서 규칙 찾기

4 수 배열표에서 규칙 찾기

5 규칙을 여러 가지 방법으로 나타내기

이야기 수학

일상 생활에서 반복되는 규칙

우리의 일상 생활에는 규칙적으로 반복되는 것들을 많이 볼 수 있습니다. 매일 아침, 점심, 저녁을 시간을 정해 밥을 먹고, 아침 8시에 학교에 가고, 밤 10시에는 잠자리에 들고, 교통 신호등은 빨간불, 노란불, 파란불이 규칙적으로 켜져 교통 흐름을 원활하게 하며 운전자와 보행자를 안전하게 하고, 버스나 기차가 일정한 시간을 정해 출발하여 시간을 맞추면 기다리지 않고 탈 수 있고, …
이렇게 일정한 규칙이 있는 것을 알고 생활하면 더 편리한 생활을 할 수 있을 뿐만 아니라 매일 정해진 시간과 일을 규칙적으로 하는 사람은 일의 효율이 좋아 성공한 사람이 될 수 있습니다. 이번 단원에서 생활 속의 여러 가지 물체나 무늬, 수의 배열에서 어떤 규칙이 있는지 알아 보세요.

1. 규칙 찾기

늘어놓은 모양을 보고 규칙 찾기

① 어떤 모양이 있는지 확인합니다.
② 모양이 규칙적으로 반복되는 부분을 찾습니다.

예 

➡ ○ △ □ 가 반복되는 규칙입니다.

1 반복되는 부분을 찾아 ⬭ 로 묶어 보세요.

> 반복되는 부분을 ⬭ 로 묶어서 표시하면 좀 더 쉽게 규칙을 찾을 수 있습니다.

2 규칙에 따라 □ 안에 알맞은 모양을 그려 넣으세요.

> 모양이 어떤 규칙으로 반복되는지 알아봅니다.

3 과일이 놓여 있는 규칙을 찾아 써 보세요.

> 사과와 포도가 어떤 규칙으로 반복되는지 알아봅니다.

4 모양이 놓여 있는 규칙을 찾아 써 보세요.

Jump ② 핵심응용하기

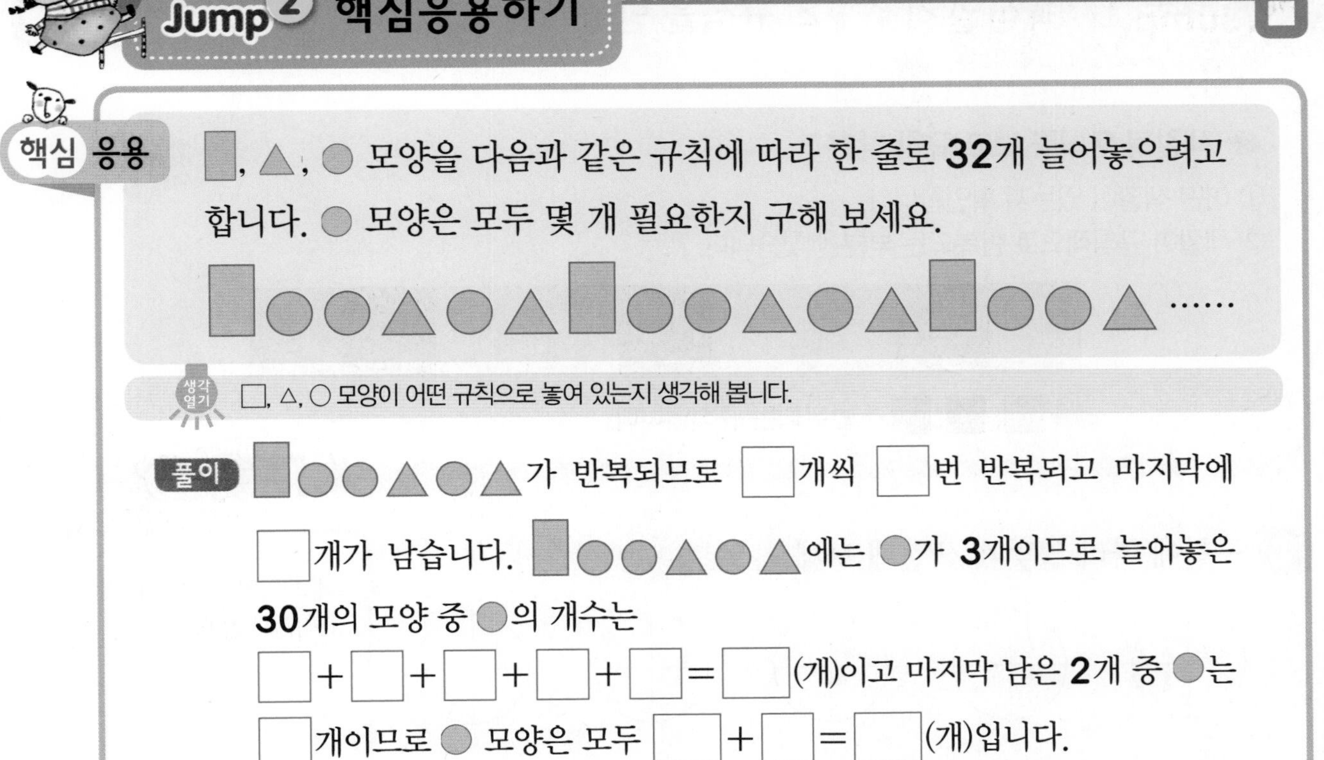

핵심 응용 □, △, ○ 모양을 다음과 같은 규칙에 따라 한 줄로 **32**개 늘어놓으려고 합니다. ○ 모양은 모두 몇 개 필요한지 구해 보세요.

□○○△○△□○○△○△□○○△ ……

생각열기 □, △, ○ 모양이 어떤 규칙으로 놓여 있는지 생각해 봅니다.

풀이 □○○△○△가 반복되므로 □개씩 □번 반복되고 마지막에 □개가 남습니다. □○○△○△에는 ○가 **3**개이므로 늘어놓은 **30**개의 모양 중 ○의 개수는

□+□+□+□+□=□(개)이고 마지막 남은 **2**개 중 ○는 □개이므로 ○ 모양은 모두 □+□=□(개)입니다.

답 ____________

확인 1 규칙에 따라 과일을 늘어놓았습니다. 반복되는 부분에는 몇 개의 과일이 있나요?

확인 2 규칙에 따라 □ 안에 들어갈 모양과 색깔을 차례대로 써 보세요.

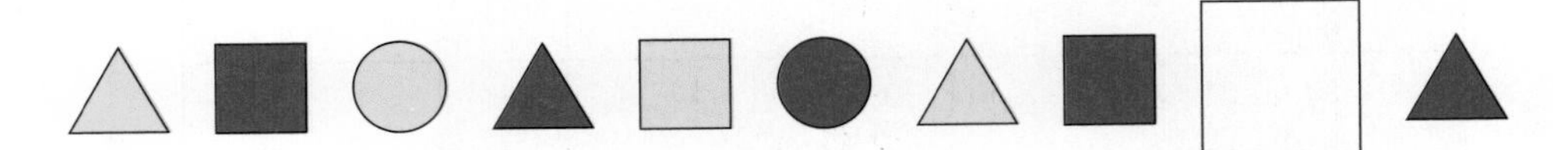

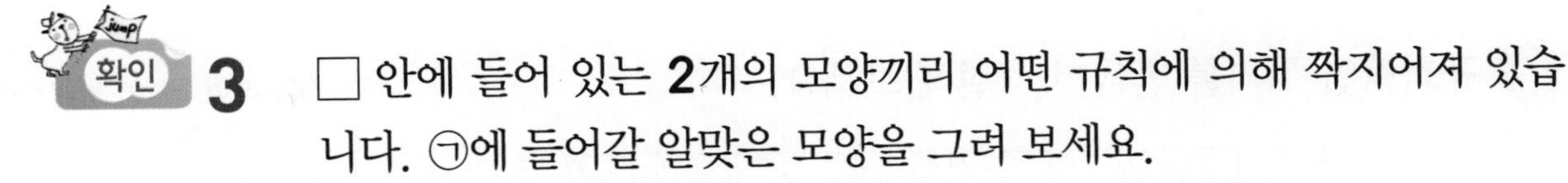

확인 3 □ 안에 들어 있는 **2**개의 모양끼리 어떤 규칙에 의해 짝지어져 있습니다. ㉠에 들어갈 알맞은 모양을 그려 보세요.

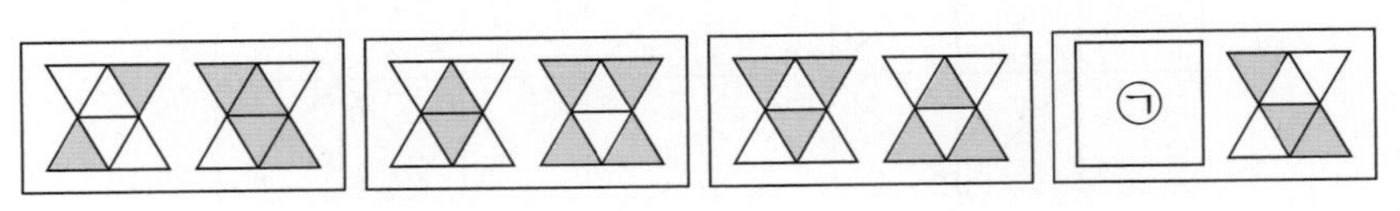

5 단원

2. 규칙을 만들기

색칠된 무늬를 보고 규칙 찾기

① 어떤 색깔이 있는지 확인합니다.

② 색깔이 규칙적으로 반복되는 부분을 찾습니다.

예 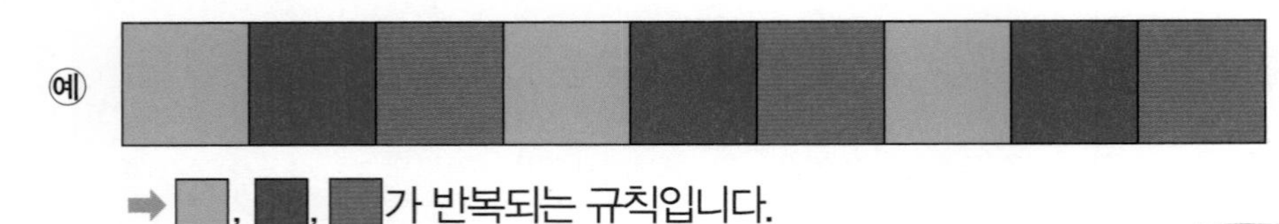

➡ ■, ■, ■가 반복되는 규칙입니다.

Jump 도우미

1 규칙에 따라 알맞게 색칠해 보세요.

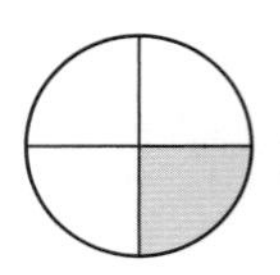 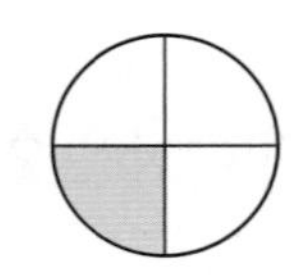 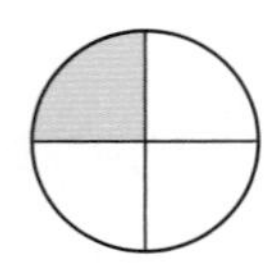 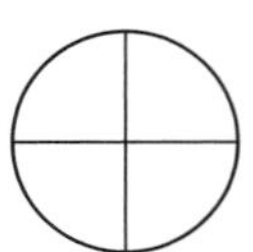 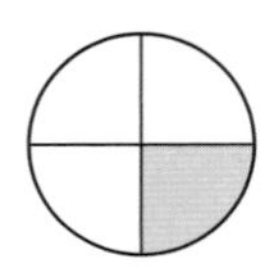

★ 색의 위치가 어떻게 변하는 규칙인지 알아봅니다.

2 규칙에 따라 그림과 같이 색칠하였습니다. 어떤 규칙으로 색칠한 것인지 써 보세요.

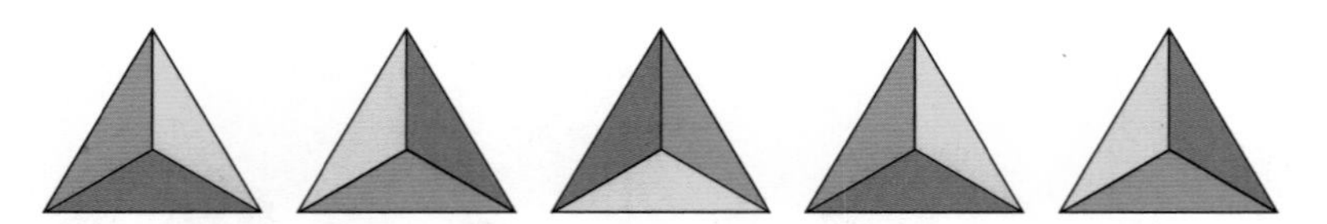

3 규칙에 따라 알맞게 색칠해 보세요.

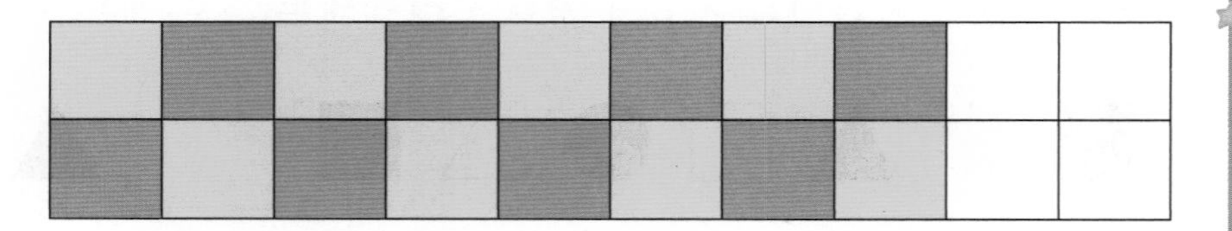

★ 색깔이 규칙적으로 반복되는 부분을 찾아봅니다.

4 규칙적인 무늬를 만들어 색칠해 보세요.

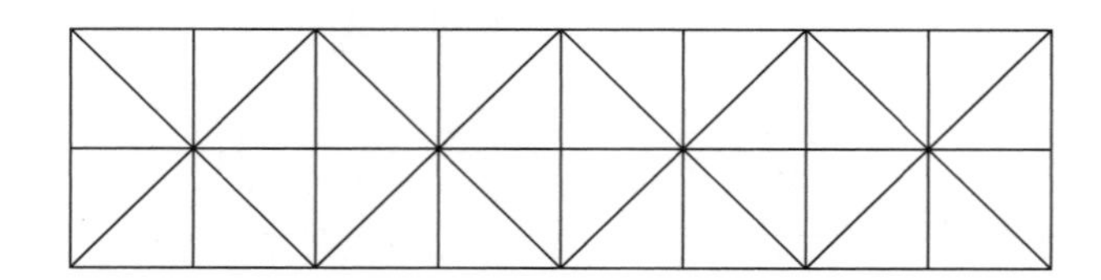

★ 색칠하여 만든 무늬에서 규칙이 명확하게 드러나는지 확인해 봅니다.

Jump 2 핵심응용하기

핵심 응용 규칙에 따라 색칠하였는데 일부분이 찢어졌습니다. 찢어진 부분을 완성하였을 때 빨간색으로 칠한 부분은 모두 몇 칸인가요?

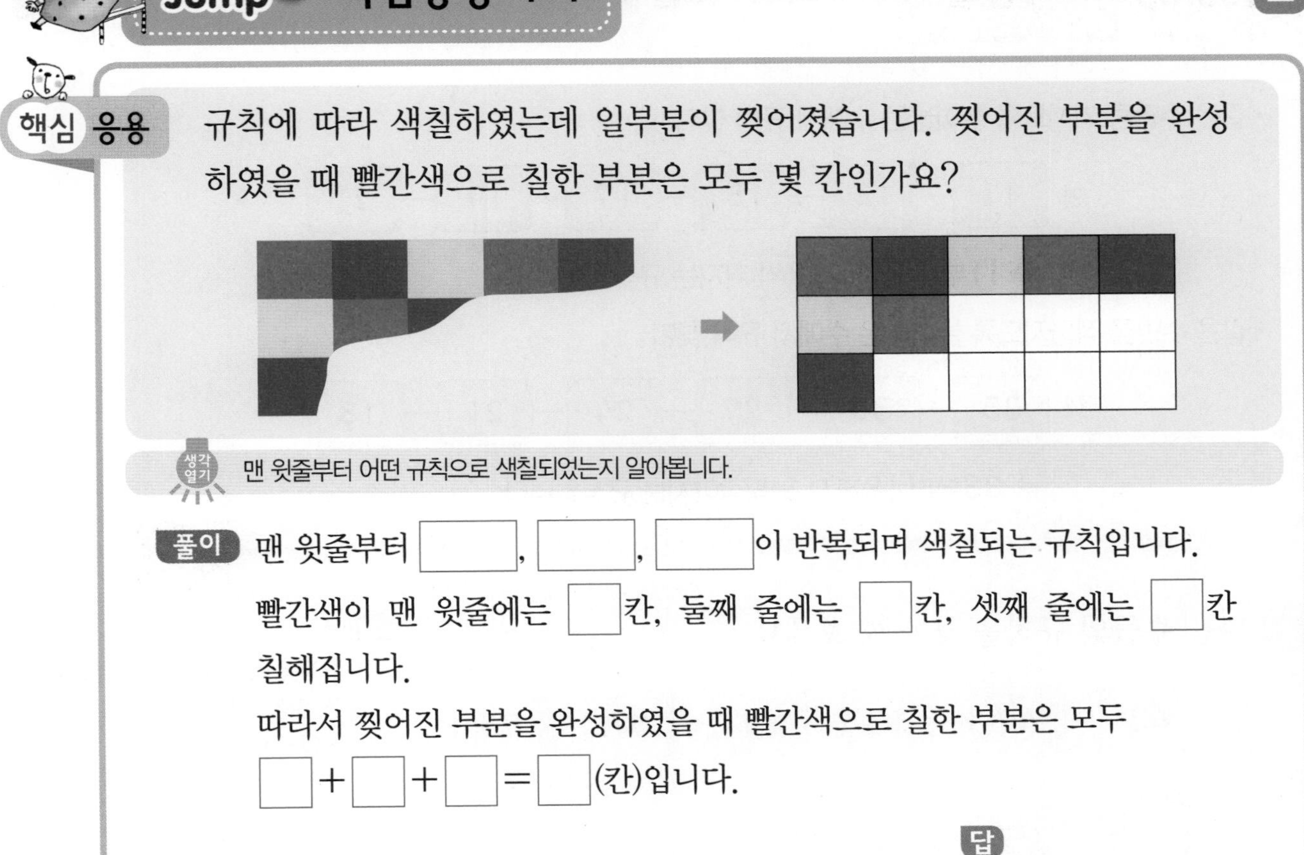

생각 열기 맨 윗줄부터 어떤 규칙으로 색칠되었는지 알아봅니다.

풀이 맨 윗줄부터 ☐, ☐, ☐이 반복되며 색칠되는 규칙입니다.

빨간색이 맨 윗줄에는 ☐칸, 둘째 줄에는 ☐칸, 셋째 줄에는 ☐칸 칠해집니다.

따라서 찢어진 부분을 완성하였을 때 빨간색으로 칠한 부분은 모두 ☐+☐+☐=☐(칸)입니다.

답 ____________

확인 1 규칙에 따라 빈 곳에 알맞게 색칠해 보세요.

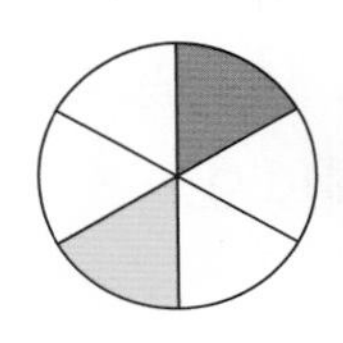
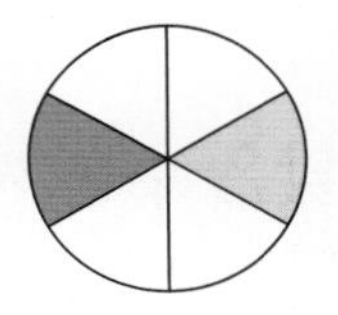
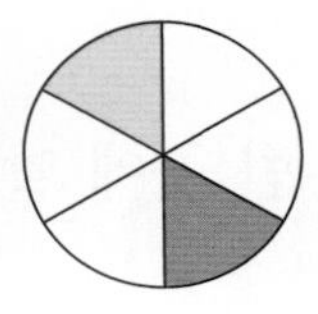
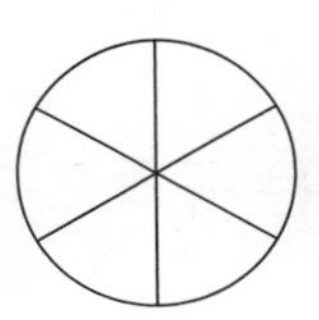
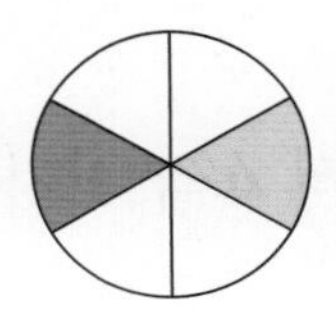
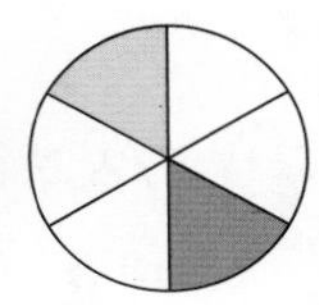

확인 2 규칙에 따라 빈칸에 알맞게 색칠해 보세요.

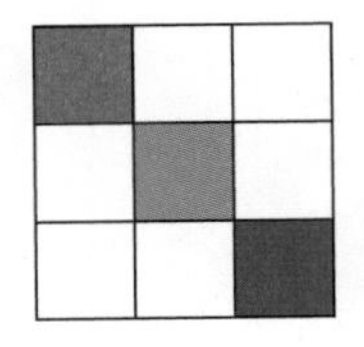
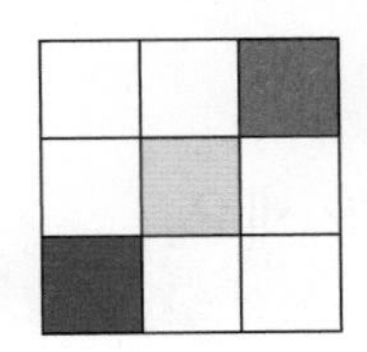
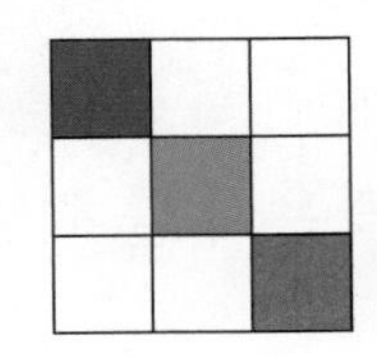
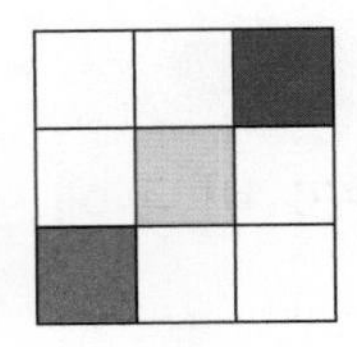
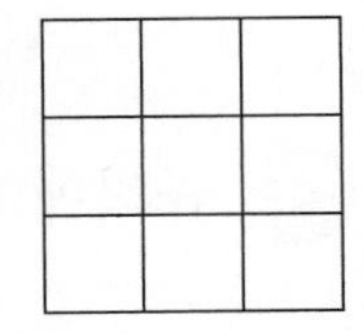

확인 3 규칙에 따라 빈칸을 색칠하여 무늬를 완성했을 때 완성된 무늬 전체에서 색칠된 부분은 모두 몇 칸인가요?

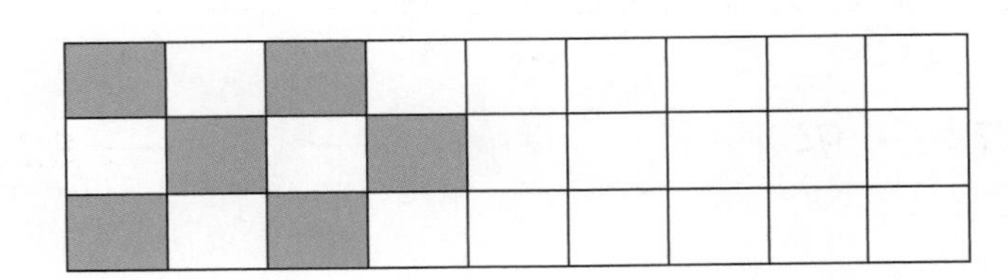

3. 수 배열에서 규칙 찾기

• 같은 수만큼 커지도록 늘어놓은 수에서 규칙 찾기

예 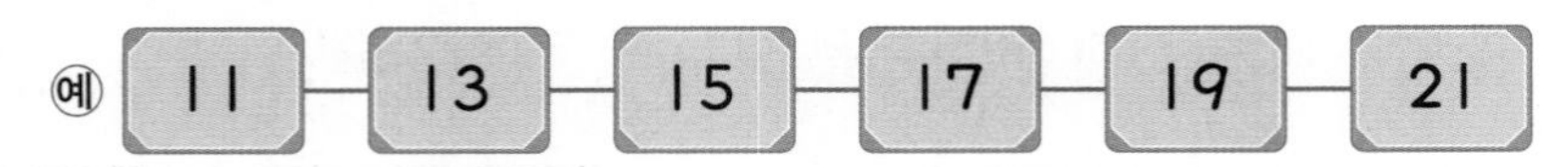

➡ **11**부터 **21**까지 **2**씩 커지는 규칙입니다.

• 같은 수만큼 작아지도록 늘어놓은 수에서 규칙 찾기

예 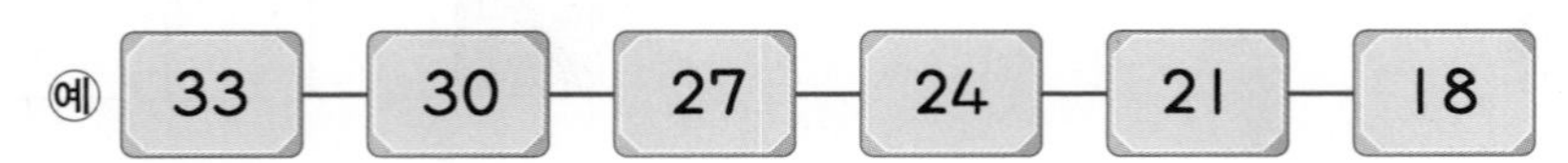

➡ **33**부터 **18**까지 **3**씩 작아지는 규칙입니다.

Jump 도우미

주의 규칙을 찾을 때에는 수가 몇씩 일정하게 커지는지 또는 작아지는지 알아봅니다.

1 다음 수들의 규칙을 찾아 써 보세요.

(1) 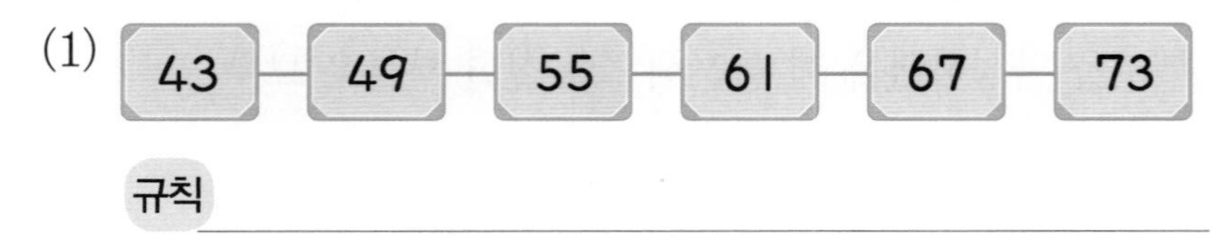

규칙 ________________________

(2) 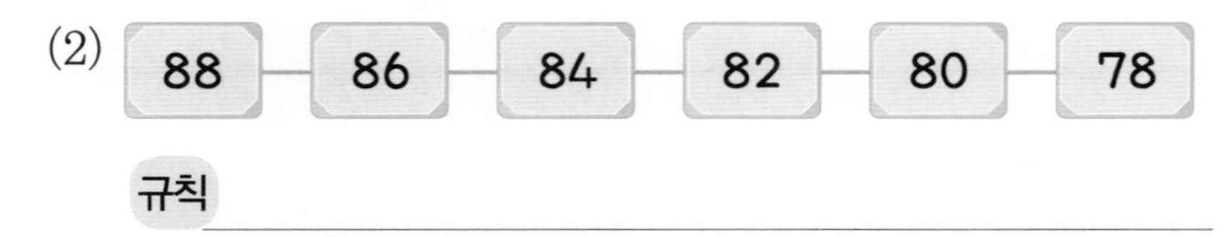

규칙 ________________________

2 **74**부터 **4**씩 커지는 규칙으로 빈 곳에 알맞은 수를 써넣으세요.

3 규칙에 따라 빈 곳에 알맞은 수를 써넣으세요.

4 규칙에 따라 빈 곳에 알맞은 수를 써넣으세요.

Jump 2 핵심응용하기

핵심 응용 규칙에 따라 수를 늘어놓았습니다. ㉮에 알맞은 수를 구해 보세요.

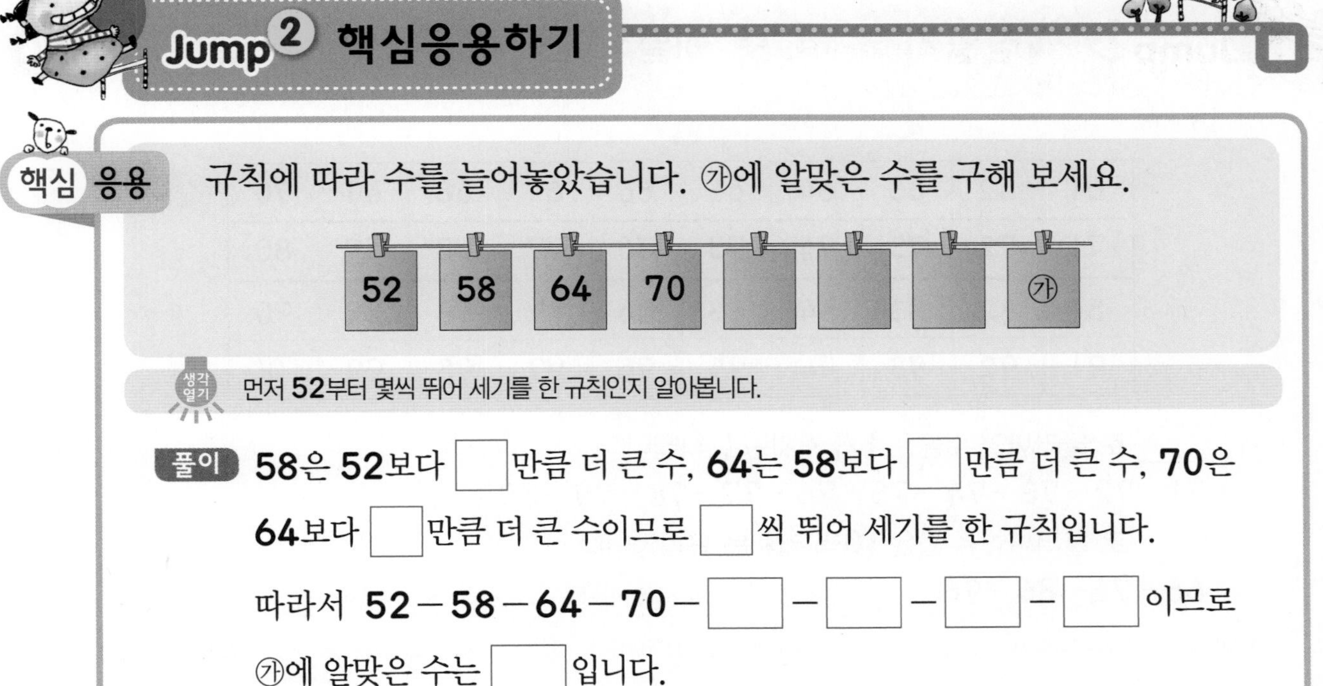

생각열기 먼저 52부터 몇씩 뛰어 세기를 한 규칙인지 알아봅니다.

풀이 58은 52보다 □ 만큼 더 큰 수, 64는 58보다 □ 만큼 더 큰 수, 70은 64보다 □ 만큼 더 큰 수이므로 □ 씩 뛰어 세기를 한 규칙입니다.

따라서 52 − 58 − 64 − 70 − □ − □ − □ − □ 이므로

㉮에 알맞은 수는 □ 입니다.

답 ______

확인 **1** 규칙에 따라 수를 늘어놓았습니다. ㉠에 알맞은 수를 구해 보세요.

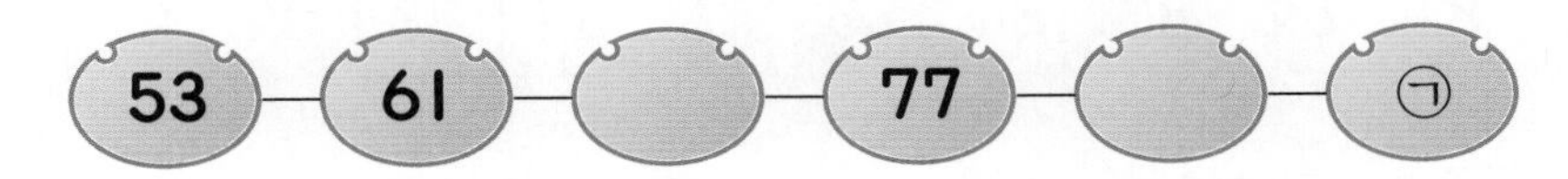

확인 **2** 왼쪽과 같은 규칙으로 빈 곳에 알맞은 수를 써넣으세요.

확인 **3** 규칙에 따라 빈 곳에 알맞은 말을 써넣으세요.

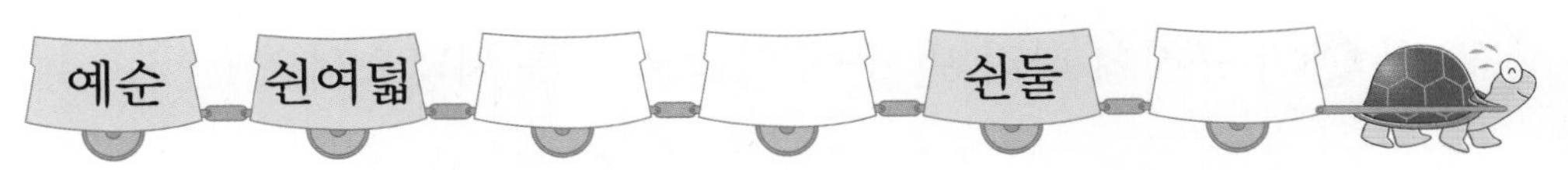

5 단원

4. 수 배열표에서 규칙 찾기

61	62	63	64	65	66	67	68	69	70
71	72	73	74	75	76	77	78	79	80
81	82	83	84	85	86	87	88	89	90
91	92	93	94	95	96	97	98	99	100

- [ ] 로 둘러싸인 수들은 1씩 커지는 규칙입니다.
  ➡ 71－72－73－74－75－76－77－78－79－80
- [ ] 로 둘러싸인 수들은 10씩 커지는 규칙입니다.
  ➡ 66－76－86－96

수 배열표를 보고 물음에 답하세요. [1~5]

61	62	63	64	65	66	67	68	69	70
71	72	73	74	75	76	77	78	79	80
81	82	83	84	85	86	87	88	89	90

1 [ ] 로 둘러싸인 칸에 있는 수들의 규칙을 찾아 써 보세요.

★ 주어진 수 배열표는 가로로 1씩 커지고 가로줄 1개에는 10개의 수가 적혀 있습니다.

2 ▭ 로 칠해진 칸에 있는 수들의 규칙을 찾아 써 보세요.

3 ▭ 로 칠해진 칸에 있는 수들은 아래로 내려가면서 어떤 규칙이 있나요?

4 ▭ 을 칠한 규칙에 따라 나머지 부분에 색칠해 보세요.

5 위 **4**의 규칙에 따라 빈 곳에 알맞은 수를 써넣으세요.

Jump ② 핵심응용하기

핵심 응용 수 배열표의 일부분이 잘렸습니다. △에 알맞은 수를 구해 보세요.

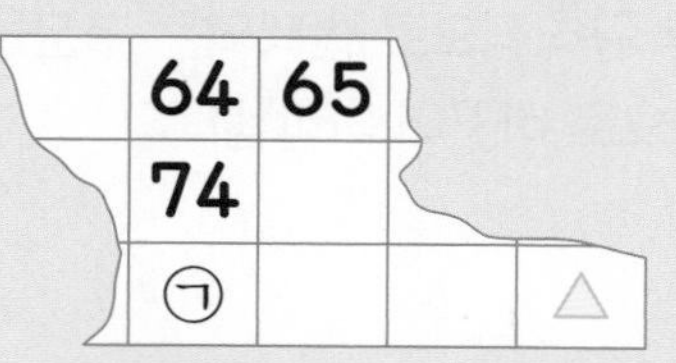

생각열기 수 배열표에서 가로와 세로로 수가 얼마씩 커지는지 알아봅니다.

풀이 65는 64보다 □만큼 더 큰 수이고 74는 64보다 □만큼 더 큰 수이므로 수 배열표에서 가로 방향에 있는 수들은 □씩 커지고 세로 방향에 있는 수들은 □씩 커집니다.

74의 바로 아래 칸의 수인 ㉠은 74보다 □만큼 더 큰 수이므로 □이고 △에 알맞은 수는 ㉠보다 □만큼 더 큰 수이므로 □입니다.

답 ____________

수 배열표를 보고 물음에 답해 보세요. [1~2]

		53						59	
				65					
71						77			

확인 1 수를 몇 칸씩 건너서 쓴 것인지 쓰고 규칙에 따라 나머지 수들도 써 보세요.

확인 2 수 배열표에서 색칠한 칸에 들어갈 수를 작은 수부터 차례대로 알맞게 써넣으세요.

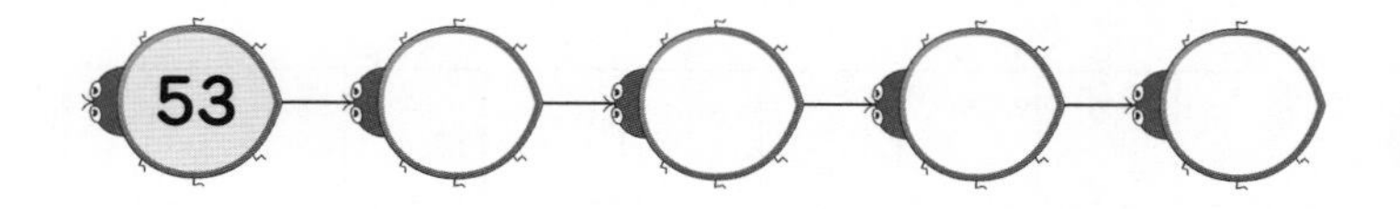

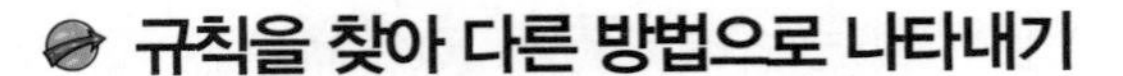

규칙을 찾아 다른 방법으로 나타내기

① 어떤 모양이 있는지 확인한 후 규칙적으로 반복되는 부분을 찾습니다.
② 반복되는 부분을 제시된 방법으로 바꾸어 나타냅니다.

예 

△ 모양을 1, □ 모양을 9로 나타내기 ➡ 119 119 119 119

1 보기와 같은 규칙으로 빈 곳에 알맞은 도형을 그려 넣으세요.

보기
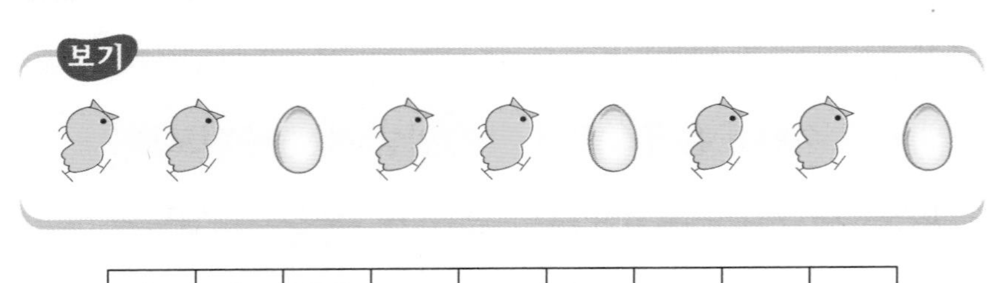

➡

☆	☆	♡						

☆ 병아리와 달걀이 반복되는 규칙을 찾고 ☆ 모양과 ♡ 모양으로 바꾸어 나타냅니다.

2 (보)를 5, (가위)를 2, (바위)를 0이라고 할 때, 보기와 같은 규칙으로 빈 곳에 알맞은 수를 써넣으세요.

보기
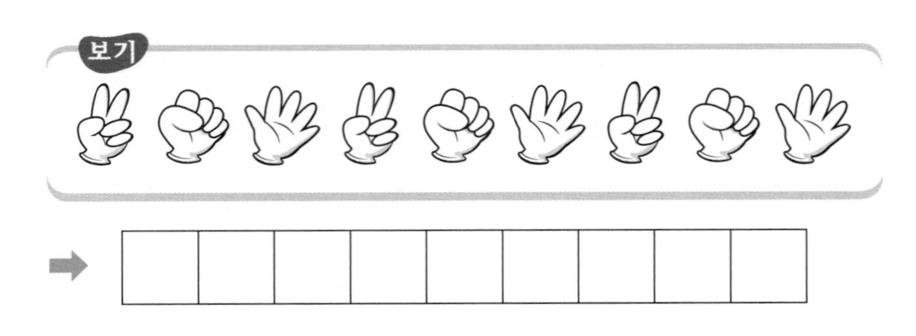

➡

☆ 반복되는 규칙을 먼저 찾은 후 숫자로 바꾸어 나타냅니다.

3 보기와 같은 규칙으로 빈 곳에 알맞게 그려 넣으세요.

보기
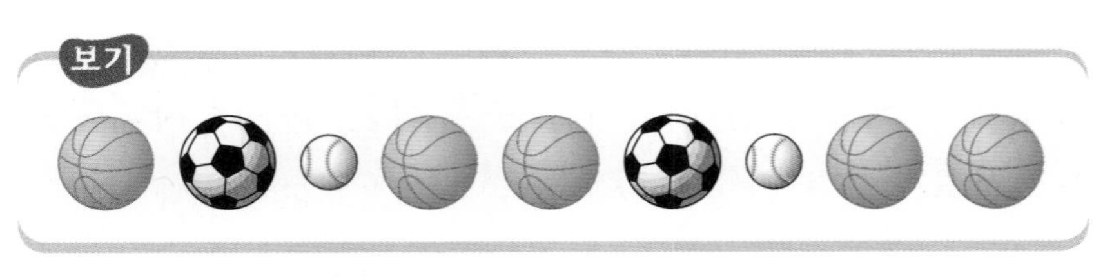

➡ 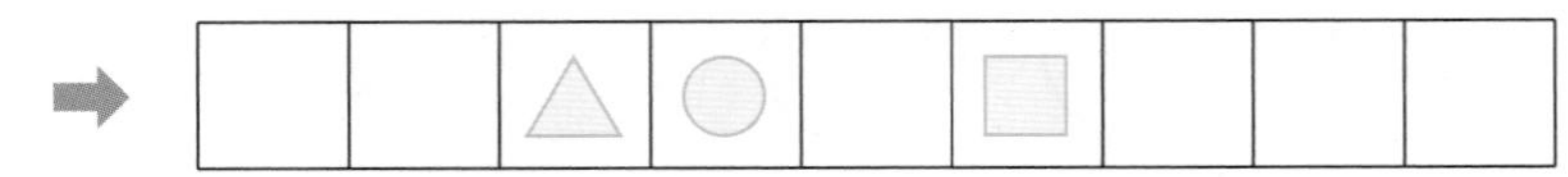

☆ 공이 반복되는 규칙을 먼저 찾은 후 각각의 공을 어떤 모양으로 나타낼지 알아봅니다.

Jump ② 핵심응용하기

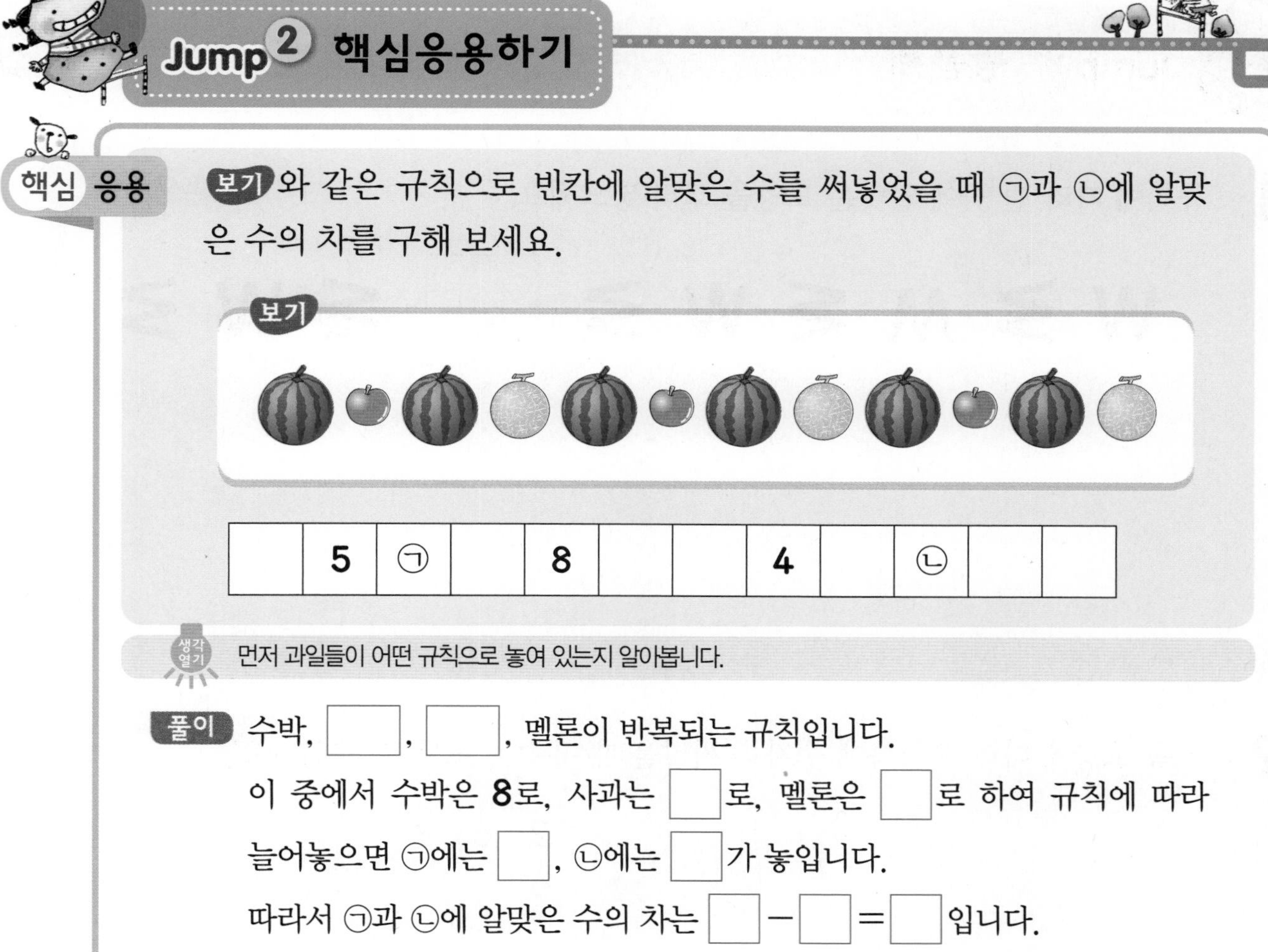

핵심 응용 보기 와 같은 규칙으로 빈칸에 알맞은 수를 써넣었을 때 ㉠과 ㉡에 알맞은 수의 차를 구해 보세요.

보기

	5	㉠		8			4		㉡		

생각열기 먼저 과일들이 어떤 규칙으로 놓여 있는지 알아봅니다.

풀이 수박, ☐, ☐, 멜론이 반복되는 규칙입니다.

이 중에서 수박은 8로, 사과는 ☐로, 멜론은 ☐로 하여 규칙에 따라 늘어놓으면 ㉠에는 ☐, ㉡에는 ☐가 놓입니다.

따라서 ㉠과 ㉡에 알맞은 수의 차는 ☐ − ☐ = ☐ 입니다.

답 ________

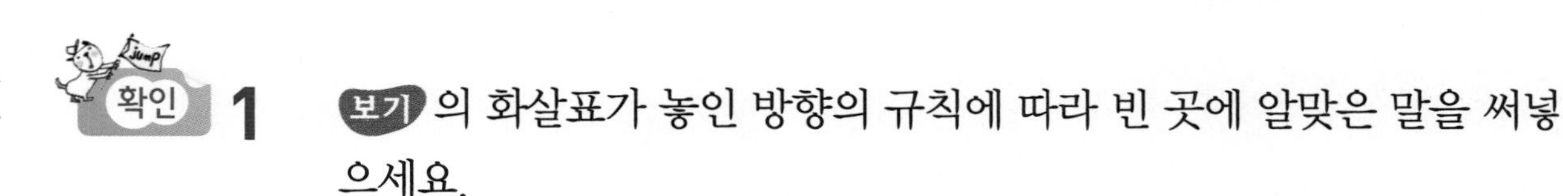

확인 1 보기 의 화살표가 놓인 방향의 규칙에 따라 빈 곳에 알맞은 말을 써넣으세요.

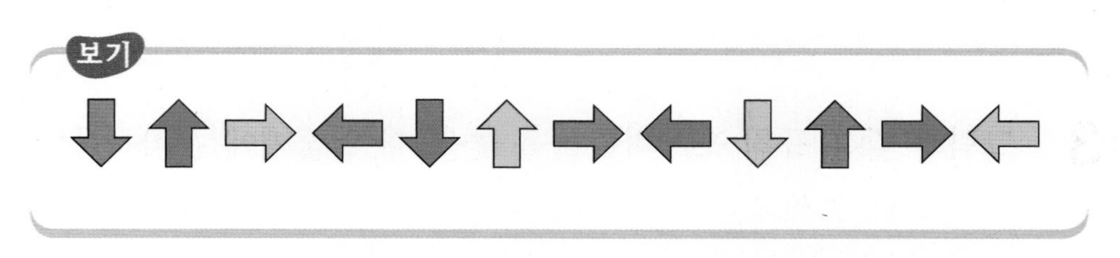

→

	북	동		남			서			동	

확인 2 위 1의 보기 의 화살표 색깔의 규칙에 따라 빈 곳에 알맞은 모양을 그려 넣을 때 ㉠과 ㉡에 들어갈 모양을 각각 구해 보세요.

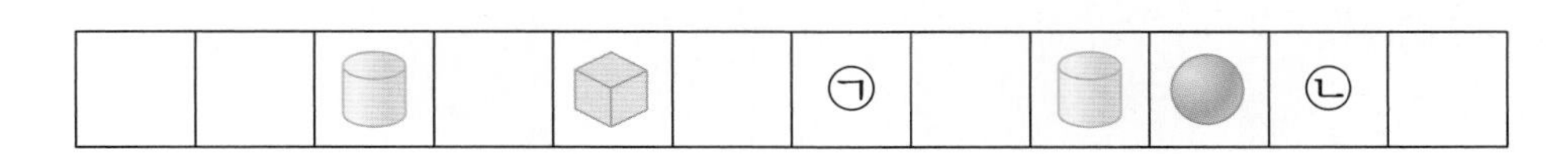

						㉠				㉡	

5 단원

1 규칙에 따라 빈 곳에 알맞은 모양을 그려 넣으세요.

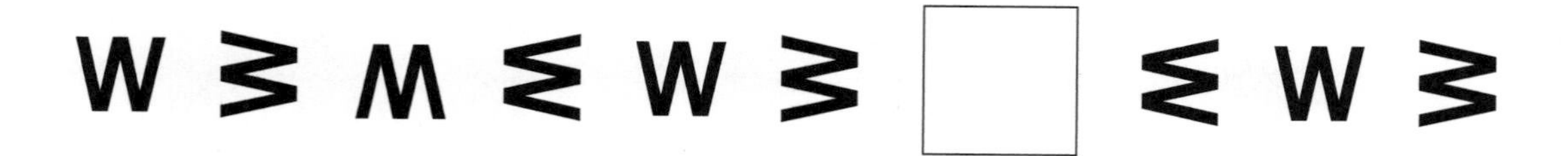

2 왼쪽 모양에 따라 오른쪽에 숫자를 써넣을 때 홀수는 모두 몇 개인가요?

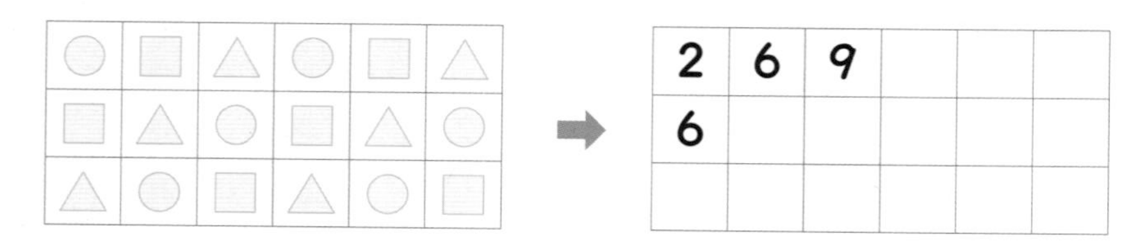

3 그림과 같은 규칙으로 바둑돌을 놓을 때 열둘째에는 바둑돌이 어느 곳에 놓이게 되는지 그려 보세요.

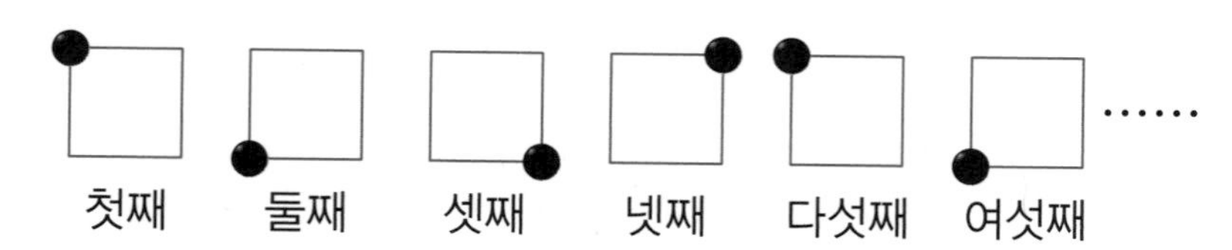

4 규칙에 따라 바둑돌을 15개 늘어놓을 때 검은 바둑돌은 몇 개 놓이는지 구해 보세요.

5 규칙에 따라 색칠하여 무늬를 만들었습니다. 여섯째에 놓일 초록색 ▲ 모양은 몇 개인가요?

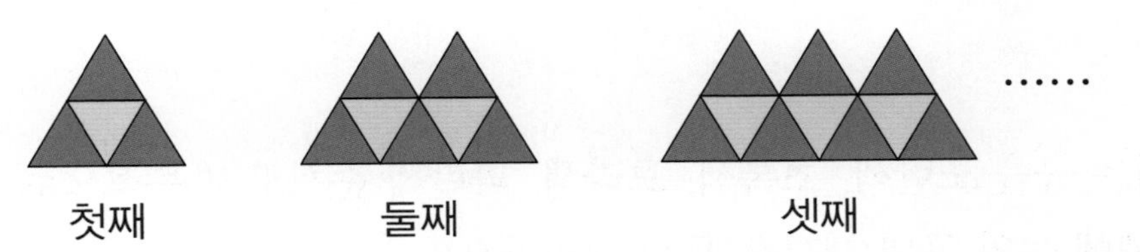

6 다음 규칙에 따라 삼각형(△)을 그린 모양입니다. 이와 같은 규칙에 따라 그려 나갈 때, 다섯째에는 삼각형(△)을 모두 몇 개 그려야 하나요?

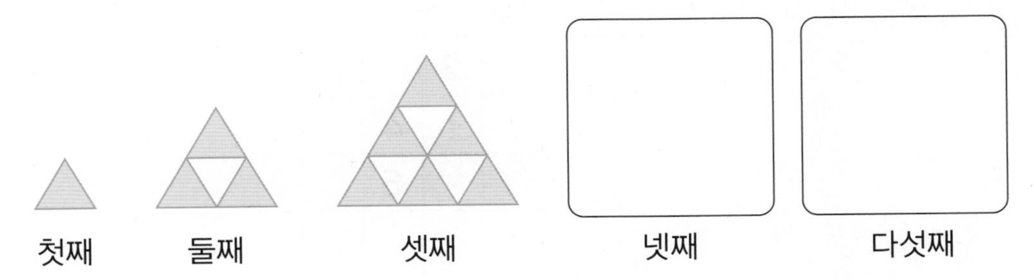

5 단원

7 □, △, ○ 모양의 색종이가 다음과 같은 규칙으로 놓여 있습니다. 희진이는 집을 만들기 위해 왼쪽에 있는 종이부터 차례로 **25**장을 사용하였습니다. △ 모양 색종이는 ○ 모양 색종이보다 몇 장 더 많이 사용하였는지 구해 보세요.

8 한솔이는 공을 노란색, 초록색, 보라색, 파란색 순서로 반복적으로 놓으려고 합니다. **21**번째에 놓일 공의 색깔은 무슨 색인가요?

9 일정한 규칙에 따라 수를 늘어 놓았습니다. ㉮에 알맞은 수를 구하세요.

		10				
			2			
			1	4		
				5		
					㉮	

10 규칙에 따라 수를 늘어놓았습니다. □ 안에 알맞은 수를 써넣으세요.

1 2 4 7 11 □

11 규칙에 따라 수를 써 나갈 때 18번째 수와 20번째 수의 차는 얼마인가요?

0 3 6 9 0 3 6 9 0 3 6 9 ……

12 오른쪽 수 배열표를 보고 물음에 답하세요.

(1) 수 배열표에서 색칠한 칸에 들어갈 수를 가장 작은 수부터 차례대로 써 보세요.

49	50	51	52	53	54	55
56	57					
63						
						♥

(2) 수 배열표에서 ♥에 알맞은 수보다 10만큼 더 큰 수는 얼마인가요?

5 단원

13 다음과 같은 규칙으로 수 카드를 늘어놓았을 때, **32**번째 카드에 적힌 수는 어떤 수인가요?

14 오른쪽과 같이 규칙적으로 수를 늘어놓았습니다. 여섯째 줄에 놓일 수들을 왼쪽부터 차례대로 써 보세요.

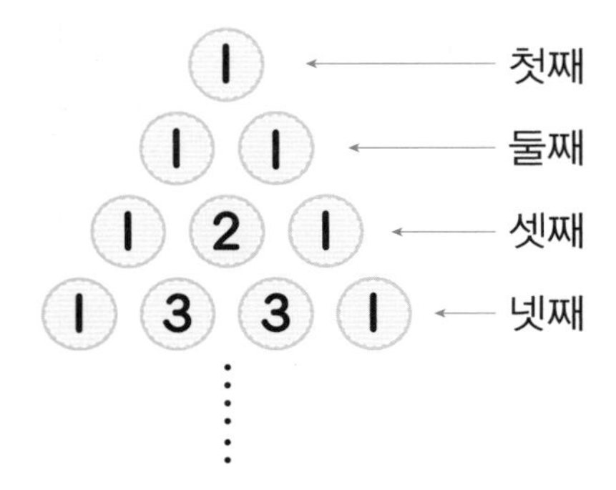

15 다음과 같이 0부터 99까지 적힌 수 배열표가 있습니다. [그림 1]은 수 배열표의 일부분이라고 할 때 ㉯－㉮의 값을 구해 보세요.

0	1	2	3	4	5	6	7	8	9
10	11	12	13	14	15	16	17	18	19
80	81	82	83	84	85	86	87	88	89
90	91	92	93	94	95	96	97	98	99

[그림 1]

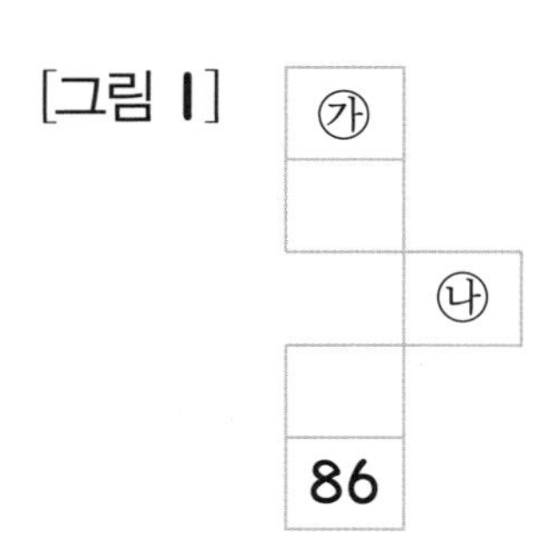

80점 이상	왕중왕문제를 풀어 보세요.
60점 이상~80점 미만	틀린 문제를 다시 확인 하세요.
60점 미만	핵심 알기부터 다시 풀어 보세요.

16 다음과 같이 일정한 규칙에 따라 수들을 늘어놓았습니다. 색칠한 부분에 들어갈 수는 어떤 수인지 구해 보세요.

51	52				56	57
64	63			60		
	66		68			71
			(색칠)			

17 오른쪽 수 배열표에서 일부분이 색종이에 가려져 보이지 않을 때 ㉠과 ㉡에 알맞은 수를 각각 구해 보세요.

㉠ (　　　　　　　　)

㉡ (　　　　　　　　)

18 일정한 규칙에 따라 수들을 늘어놓았습니다. 색칠한 부분에 들어갈 수는 어떤 수인가요?

31	42	43					
32				56			
			52				(색칠)
	39						
	38	47			62		
36		48		60			

1 그림과 같은 규칙에 따라 바둑돌을 늘어놓을 때 일곱째에 놓일 바둑돌은 몇 개인가요?

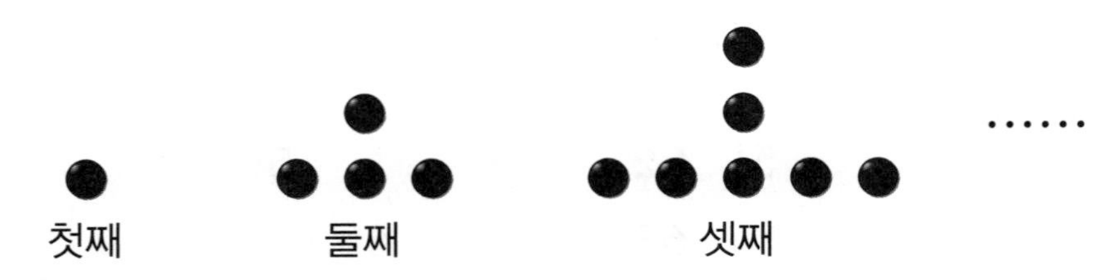

2 그림과 같은 규칙에 따라 모양을 늘어놓을 때 여덟째에 놓이는 △ 모양은 모두 몇 개인가요?

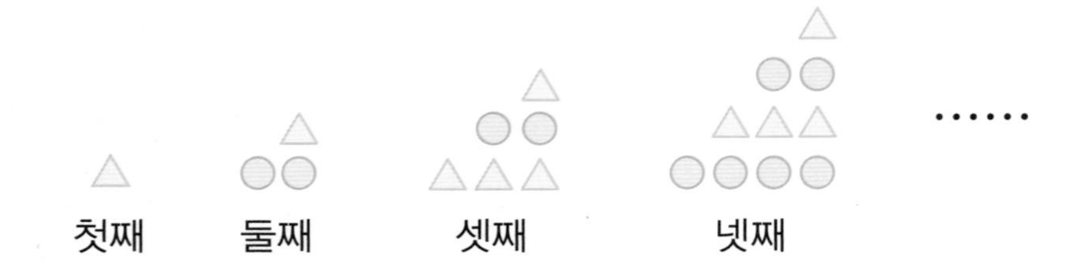

3 다음은 고대 마야의 수를 나타낸 모양입니다. 규칙을 보고 **24**를 고대 마야의 수로 나타내 보세요.

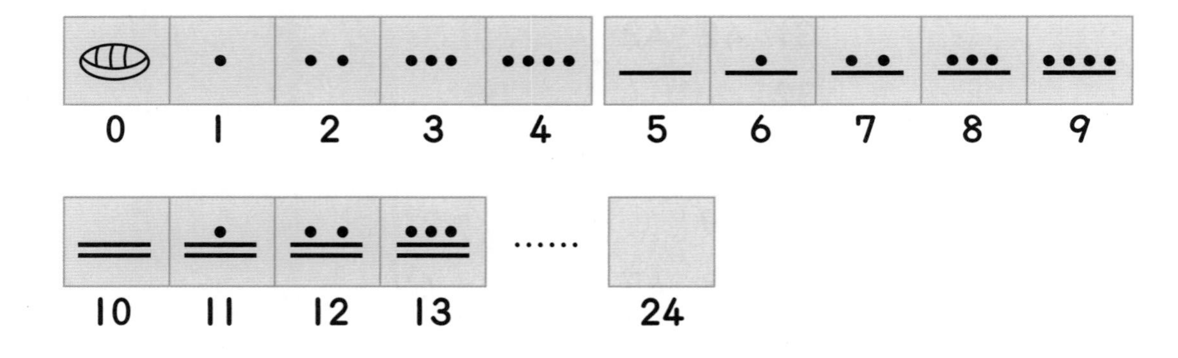

4 노란색, 주황색, 보라색, 빨간색, 파란색, 초록색을 규칙을 정해 칠했습니다. 규칙에 알맞게 색칠해 보세요.

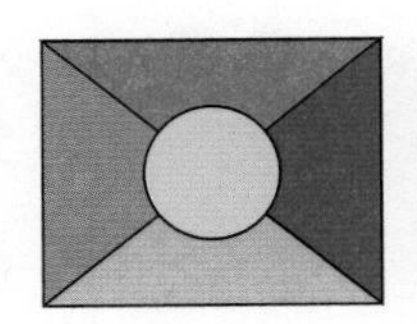 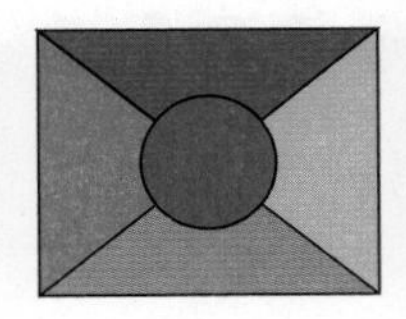 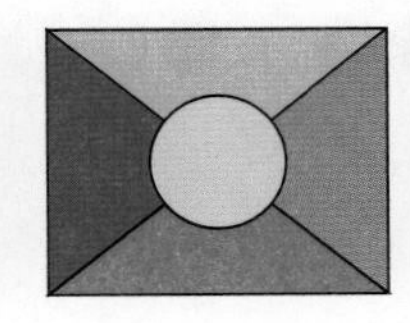 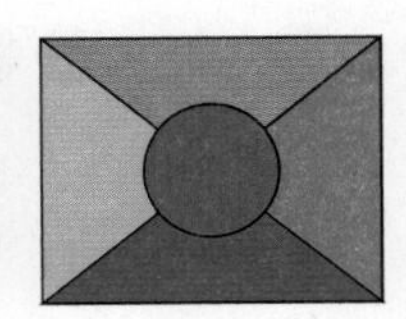 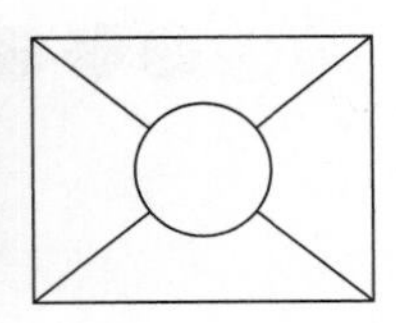

5 □ 안에 일정한 규칙으로 수를 써넣으려고 합니다. 가로(→)로 보아도 세로(↓)로 보아도 수가 1씩 커지도록 써넣을 때 ㉮와 ㉯에 들어갈 수의 차를 구해 보세요.

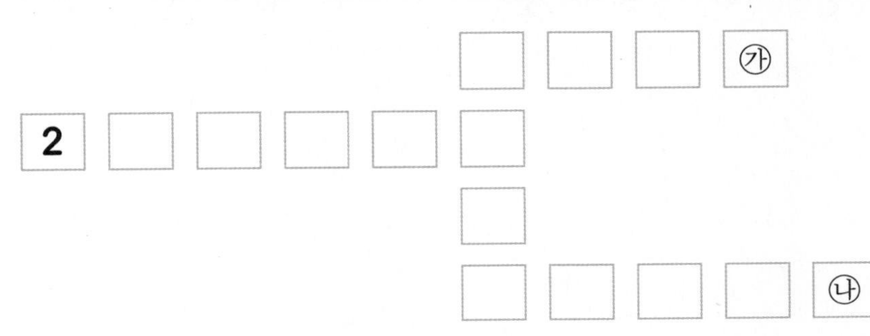

6 보기 의 ◐와 ▭에는 어떤 규칙에 따라 수를 써 놓았습니다. 이와 같은 규칙에 따라 수를 쓸 때, ㉡에 들어갈 몇십몇은 무엇인가요?

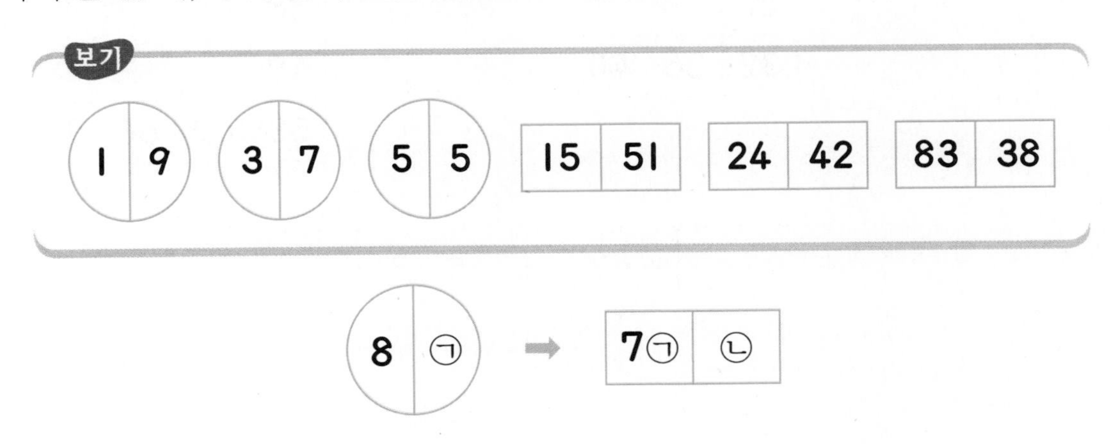

7 흰 바둑돌과 검은 바둑돌을 다음과 같이 규칙적으로 늘어놓았습니다. 늘어놓은 바둑돌이 **49**개라면, 검은 바둑돌은 모두 몇 개인가요?

8 규칙에 맞도록 □ 안에 알맞은 그림을 그려 넣으세요.

9 어떤 규칙에 따라 수를 보기 처럼 나열하였습니다. 이와 같은 규칙에 따라 수를 나열할 때, ㉠에 알맞은 수는 어떤 수인가요?

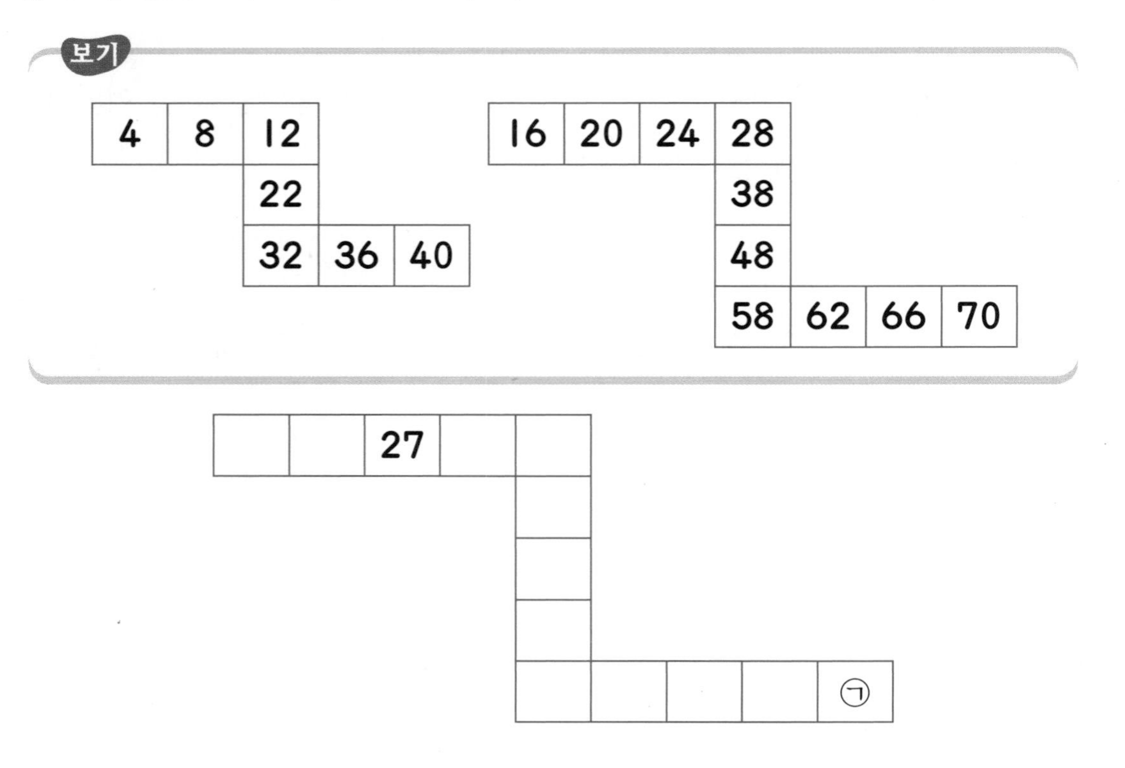

10 어떤 규칙에 따라 수를 나열하였습니다. ㉡－㉠은 얼마인지 구해 보세요.

1	1	2				
	2	2	4			
		4	3	7		
			7	4	㉠	
					5	㉡

11 규칙에 따라 수를 써넣을 때, ㉠, ㉡, ㉢의 수 중 가장 큰 수와 가장 작은 수의 차를 구해 보세요.

4	9	14						㉠

36	32	28						㉡

90	80	70						㉢

12 일정한 규칙에 따라 오른쪽과 같이 ○ 안에 수를 써넣었습니다. 이와 같은 규칙으로 다음의 ○를 채워갈 때 ㉮＋㉯－㉰는 얼마인지 구해 보세요.

5
2 3
1 1 2

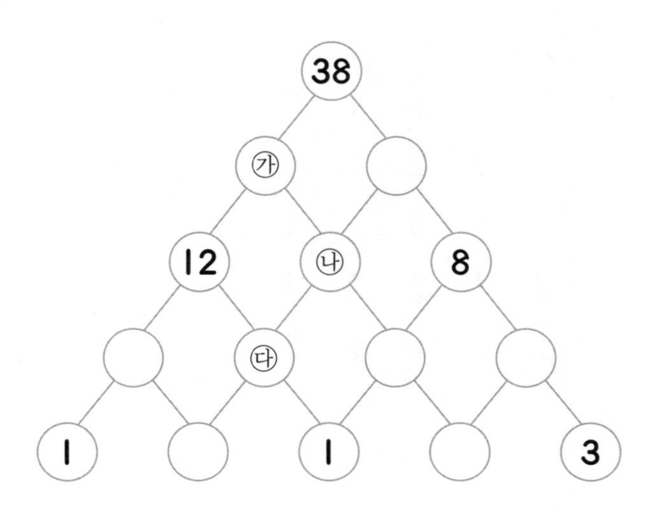

13 규칙에 따라 수를 늘어놓았습니다. □ 안에 알맞은 수를 써넣으세요.

2 4 6 10 □ 26

14 숫자를 적은 모양이 보기와 같이 굴러가면서 숫자가 1씩 커지는 규칙이 있습니다. 아래 모양을 보기와 같이 굴렸을 때, ㉠에 알맞은 수는 어떤 수인가요?

보기

1 3 / 4 2	→	5 2 / 3 4	→	4 6 / 5 3	→	6 5 / 4 7	→	5 7 / 8 6

㉠ → → → → → 6, 9, 8, 7, 5

15 어떤 규칙에 따라 4개의 수를 늘어놓았습니다. 색칠된 칸에 들어갈 수를 모두 합하면 얼마인지 구해 보세요.

3	2	1	4	3
4	3	2	1	
1	4	3		1
2	1	2	3	4
	4	1	2	3

16 규칙을 찾아 ♥에 알맞은 수를 구해 보세요.

15	16	17				21
		34			37	
31			♥			
30				26		24

17 규칙에 따라 ㉠과 ㉡에 알맞은 수를 찾아 ㉠과 ㉡의 차를 구해 보세요.

18 규칙에 따라 □ 안에 수를 써넣었습니다. 가에 알맞은 수를 구하시오.

54		4	62		3	73		6	87		7
	43			50			55			64	
4		3	5		4	5		7	8		가

Jump 5 영재교육원 입시대비문제

1 보기 와 같이 수를 나타낼 때 **9**와 **14**가 되도록 각각 색칠해 보세요.

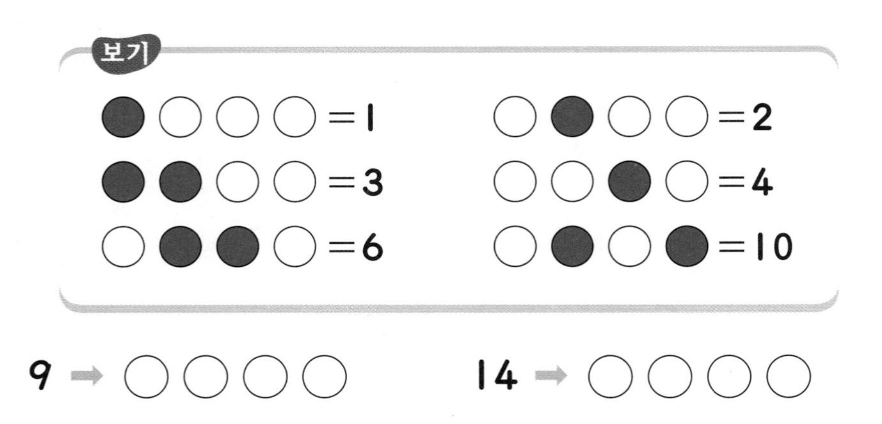

9 ➡ ○○○○   14 ➡ ○○○○

2 보기 와 같이 위에서 아래로 내려갈수록, 왼쪽에서 오른쪽으로 갈수록 수를 커지도록 하려고 합니다. **1**, **2**, **3**, **4**, **5**, **6**, **7**을 한 번씩만 사용하여 빈칸에 알맞게 써넣으세요.

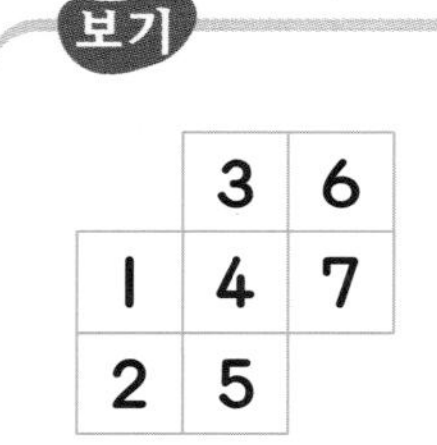

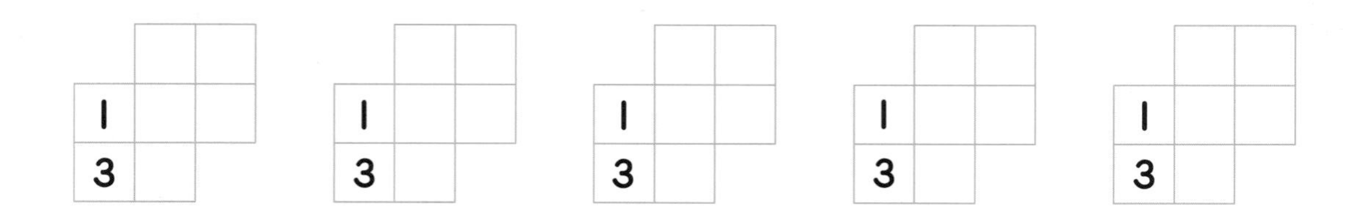

단원 6

덧셈과 뺄셈(3)

1 (몇십몇)+(몇)의 여러 가지 계산 방법

2 (몇십)+(몇십), (몇십몇)+(몇십몇)

3 (몇십몇)−(몇)의 여러 가지 계산 방법

4 (몇십)−(몇십), (몇십몇)−(몇십몇)

5 덧셈과 뺄셈의 활용

이야기 수학

위대한 수학자 가우스

1777년 독일에서 태어난 「가우스」라는 사람은 어려서부터 그 천재성을 드러냈다고 합니다. 「가우스」가 초등 학교를 다니던 어느 날이었습니다. 평소 개구쟁이였던 「가우스」는 수학 공부 시간에 집중하지 못하고 산만하게 굴었답니다.

이 모습을 본 선생님이 「가우스」에게 1부터 100까지 덧셈을 하라고 했습니다. 하지만 몇 분 지나지 않아 「가우스」는 선생님께 답을 말했고 선생님은 깜짝 놀라서 해결 방법을 물었습니다.

「가우스」의 해결 방법을 1부터 10까지 더하는 것을 예로 들면 다음과 같습니다.

$$1+2+3+4+5+6+7+8+9+10$$

11
11
11
11
11

합이 11인 것이 5쌍 나오므로 1부터 10까지의 합은 55입니다. 선생님은 「가우스」를 매우 칭찬했고 「가우스」는 선생님의 칭찬에 힘입어 더욱 열심히 공부하여 위대한 수학자가 되었답니다.

1. (몇십몇)+(몇)의 여러 가지 계산 방법

24+5의 계산

방법1 이어 세기로 구하기

➡ 24+5=29

24 25 26 27 28 29

① ② ③ ④ ⑤

방법2 십 배열판에서 더하는 수 **5**만큼 △를 그려 구하기

○	○	○	○	○
○	○	○	○	○

○	○	○	○	○
○	○	○	○	○

○	○	○	○	△
△	△	△	△	

➡ 24+5=29

방법3 수 모형으로 구하기

십 모형	일 모형

+

십 모형	일 모형

=

십 모형	일 모형

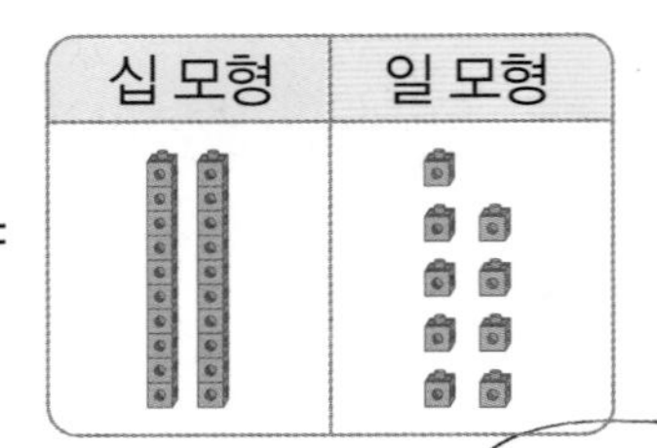

Jump 도우미

1 빈 곳에 두 수의 합을 써넣으세요.

(1)

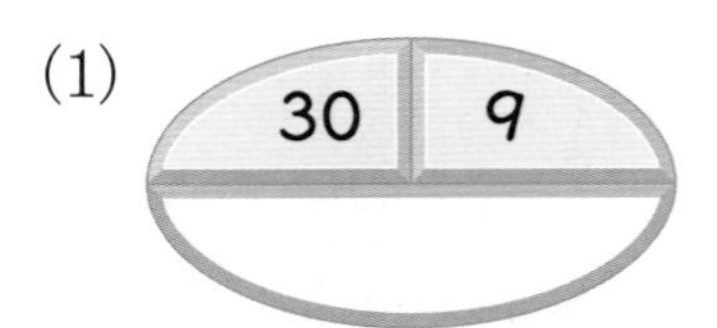

(2) 6 | 72

몇십몇과 몇의 덧셈을 세로셈으로 계산하려면 낱개의 수를 맞춰 써야 합니다.

2 놀이터에 여자 어린이 **10**명과 남자 어린이 **4**명이 놀고 있습니다. 놀이터에서 놀고 있는 어린이는 모두 몇 명인가요?

모두 몇 명인지 묻는 문제는 덧셈식으로 나타냅니다.

3 효근이는 구슬을 **22**개 가지고 있습니다. 용희는 효근이보다 구슬을 **6**개 더 많이 가지고 있다면 용희가 가지고 있는 구슬은 모두 몇 개인가요?

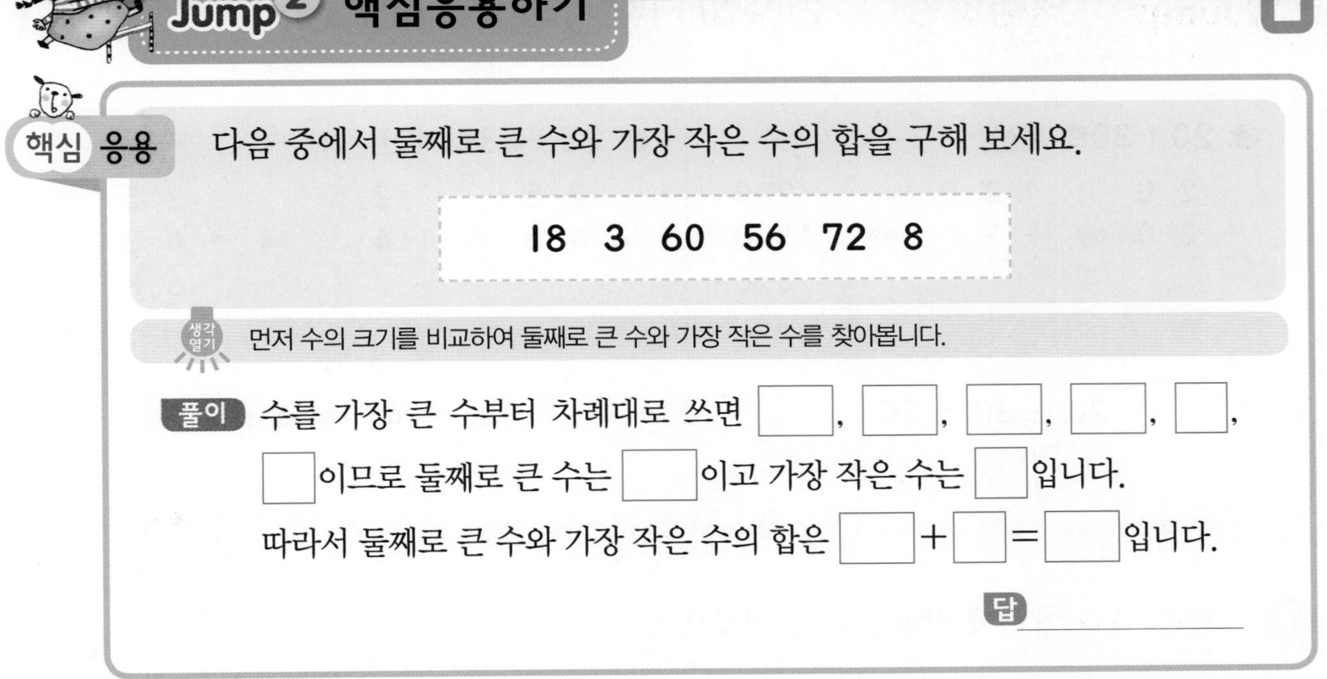

핵심 응용 다음 중에서 둘째로 큰 수와 가장 작은 수의 합을 구해 보세요.

18 3 60 56 72 8

생각 열기 먼저 수의 크기를 비교하여 둘째로 큰 수와 가장 작은 수를 찾아봅니다.

풀이 수를 가장 큰 수부터 차례대로 쓰면 □, □, □, □, □, □이므로 둘째로 큰 수는 □이고 가장 작은 수는 □입니다.

따라서 둘째로 큰 수와 가장 작은 수의 합은 □+□=□입니다.

답 ________

확인 1 과일 가게에 **1**상자에 **10**개씩 들어 있는 배가 **5**상자 있습니다. 복숭아는 **3**개 있고 참외는 복숭아보다 **2**개 더 많습니다. 과일 가게에 있는 배, 복숭아, 참외는 모두 몇 개인가요?

확인 2 지혜는 박하 맛 사탕을 **1**봉지에 **10**개씩 **2**봉지 가지고 있고 딸기 맛 사탕을 **3**개, 자두 맛 사탕을 박하 맛 사탕보다 **4**개 더 많이 가지고 있습니다. 지혜가 가지고 있는 사탕 중 딸기 맛 사탕과 자두 맛 사탕은 모두 몇 개인가요?

확인 3 다음과 같은 **4**장의 숫자 카드가 있습니다. 서로 다른 **2**장을 골라 만들 수 있는 수 중에서 가장 큰 수를 가라고 하면 가보다 **5**만큼 더 큰 수는 얼마인가요?

4 0 1 2

20+30의 계산

$$\begin{array}{r} 20 \\ +\,30 \\ \hline \end{array} \Rightarrow \begin{array}{r} 20 \\ +\,30 \\ \hline 0 \end{array} \Rightarrow \begin{array}{r} 20 \\ +\,30 \\ \hline 50 \end{array}$$

2+3=5

20 + 30 = 50

25+43의 계산

$$\begin{array}{r} 25 \\ +\,43 \\ \hline \end{array} \Rightarrow \begin{array}{r} 25 \\ +\,43 \\ \hline 8 \end{array} \Rightarrow \begin{array}{r} 25 \\ +\,43 \\ \hline 68 \end{array}$$

2+4=6

25 + 43 = 68

5+3=8

Jump 도우미

1 그림을 보고 □ 안에 알맞은 수를 써넣으세요.

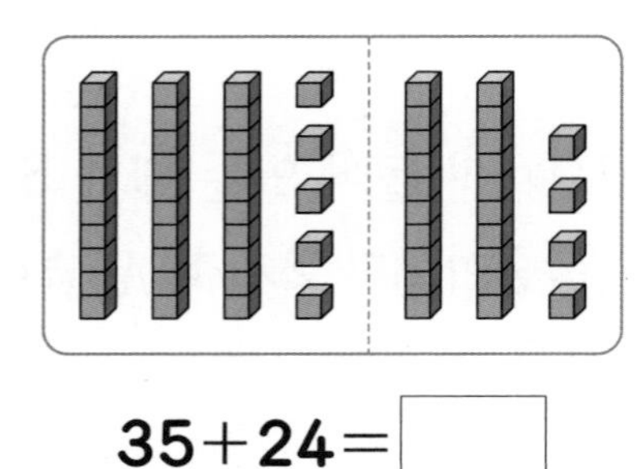

35+24=□

★ 십 모형의 합과 낱개 모형의 합을 각각 구하여 알아봅니다.

2 와 같은 2가지 방법으로 덧셈을 해 보세요.

보기

- 23+42=20+40+3+2=60+5=65
- 23+42=23+40+2=63+2=65

43+54

3 한초가 가지고 있던 책은 80권입니다. 오늘 책을 10권 더 샀다면 한초가 가지고 있는 책은 모두 몇 권인가요?

4 소극장에서 어린이 65명과 어른 14명이 연극을 보고 있습니다. 연극을 보고 있는 사람은 모두 몇 명인가요?

주의

덧셈을 할 때에는 낱개의 수는 낱개의 수끼리 더하고 10개씩 묶음의 수는 10개씩 묶음의 수끼리 더합니다.

Jump 2 핵심응용하기

핵심 응용 문구점에서 필통을 어제는 14개, 오늘은 23개 각각 팔았습니다. 남은 필통이 2개라면 처음 문구점에 있던 필통은 모두 몇 개인가요?

생각열기 어제와 오늘 판 필통과 남은 필통이 각각 몇 개씩인지 알아봅니다.

풀이 문구점에서 필통을 어제는 ☐개, 오늘은 ☐개 팔았으므로 판 필통은 모두 ☐ + ☐ = ☐(개)입니다.

남은 필통이 ☐개이므로 처음 문구점에 있던 필통은 모두 ☐ + ☐ = ☐(개)입니다.

답 ______________

확인 1 상연이네 학교의 1학년 각 반의 학생 수를 나타낸 것입니다. 학생 수가 가장 많은 반과 가장 적은 반의 학생 수의 합을 구해 보세요.

1반	2반	3반	4반	5반
27명	24명	21명	25명	26명

확인 2 종이학을 예슬이는 30개 접었고 동민이는 예슬이보다 10개 더 많이 접었습니다. 예슬이와 동민이가 접은 종이학은 모두 몇 개인가요?

확인 3 다음과 같은 5장의 수 카드 중에서 서로 다른 2장을 골라 두 수의 합이 66이 되도록 하려고 합니다. 어떤 수 카드를 골라야 하는지 카드에 적힌 수를 써 보세요.

52　45　32　11　34

6 단원

26－2의 계산

방법1 비교하여 구하기

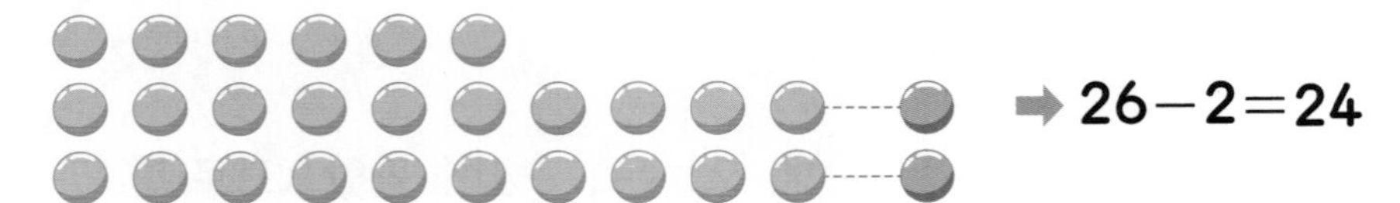

➡ $26-2=24$

방법2 십 배열판에 빼는 수 **2**만큼 /을 그려 구하기

○	○	○	○	○
○	○	○	○	○

○	○	○	○	○
○	○	○	○	○

○	○	○	○	∅
∅				

➡ $26-2=24$

방법3 수 모형으로 구하기

십 모형	일 모형

➡

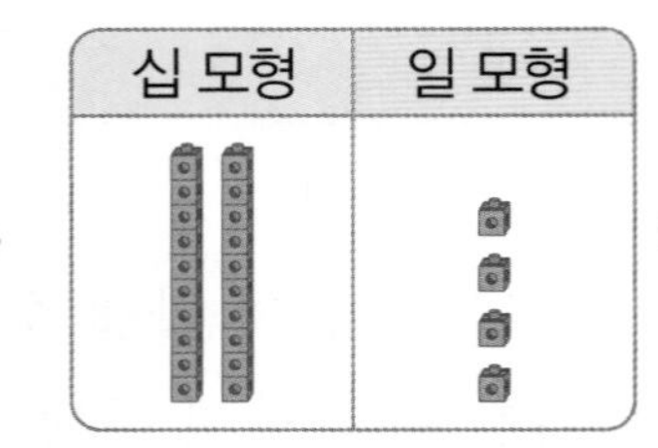

➡ $26-2=24$

1 그림을 보고 □ 안에 알맞은 수를 써넣으세요.

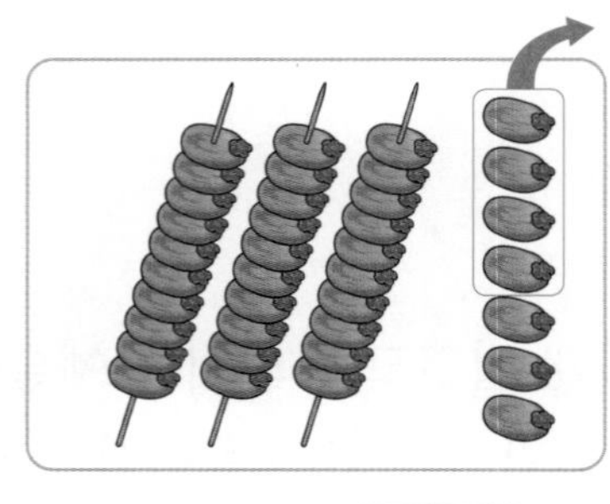

$37-4=$ □

★ 몇십몇과 몇의 차를 구할 때에는 낱개의 수끼리의 차를 구하여 자리에 맞게 쓴 다음, 10개씩 묶음의 수를 낱개의 수끼리의 차 앞에 적습니다.

2 빈 곳에 두 수의 차를 써넣으세요.

(1)

(2)

★ 두 수의 차를 구할 때는 큰 수에서 작은 수를 뺍니다.

3 노란색 구슬 **59**개와 파란색 구슬 **7**개가 있습니다. 노란색 구슬은 파란색 구슬보다 몇 개 더 많나요?

★ 구슬 수의 차이를 구할 때는 뺄셈을 사용합니다.

Jump② 핵심응용하기

핵심 응용 버스에 **39**명이 타고 있었습니다. 첫째 정류장에서 **3**명이 내리고 둘째 정류장에서 **4**명이 내렸습니다. 지금 버스에 타고 있는 사람은 몇 명인가요?

생각열기 첫째 정류장과 둘째 정류장에서 내리고 남은 사람의 수를 각각 구해 봅니다.

풀이 첫째 정류장에서 **3**명이 내리고 남은 사람 수는

□ − **3** = □(명)입니다.

둘째 정류장에서 **4**명이 내리고 남은 사람 수는

□ − **4** = □(명)입니다.

따라서 지금 버스에 타고 있는 사람은 □명입니다.

답 ____________

확인 1 가장 큰 수와 가장 작은 수의 차를 구해 보세요.

9 54 7 65 4 59

확인 2 어떤 수보다 **5**만큼 더 큰 수는 **99**입니다. 어떤 수보다 **3**만큼 더 작은 수는 얼마인지 구해 보세요.

확인 3 과일 가게에 사과가 **49**개, 배가 **38**개 있었습니다. 그중에서 사과는 **5**개, 배는 **6**개를 팔았습니다. 남은 사과와 배는 모두 몇 개인가요?

4. (몇십)−(몇십), (몇십몇)−(몇십몇)

30−20의 계산

$$\begin{array}{r} 30 \\ -\ 20 \\ \hline \end{array} \Rightarrow \begin{array}{r} 30 \\ -\ 20 \\ \hline 0 \end{array} \Rightarrow \begin{array}{r} 30 \\ -\ 20 \\ \hline 10 \end{array}$$

3−2=1

30 − 20 = 10

0−0=0

25−11의 계산

$$\begin{array}{r} 25 \\ -\ 11 \\ \hline \end{array} \Rightarrow \begin{array}{r} 25 \\ -\ 11 \\ \hline 4 \end{array} \Rightarrow \begin{array}{r} 25 \\ -\ 11 \\ \hline 14 \end{array}$$

2−1=1

25 − 11 = 14

5−1=4

Jump 도우미

★ 주어진 수 모형에서 /로 지운 개수를 세어 빼는 수를 구한 다음 문제를 해결해 나갑니다.

1 그림을 보고 □ 안에 알맞은 수를 써넣으세요.

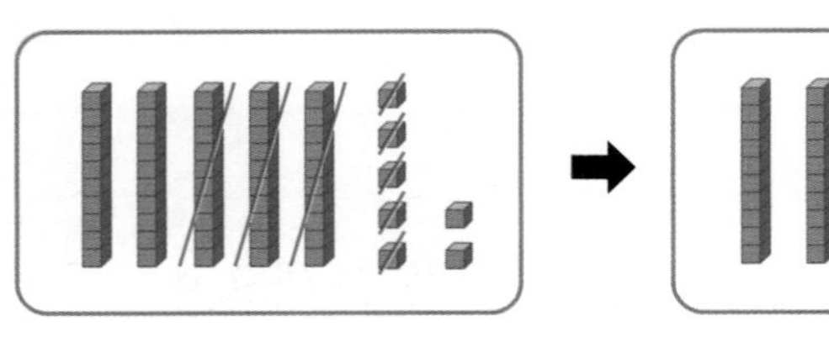

57−□=□

2 와 같은 **2**가지 방법으로 뺄셈을 해 보세요.

보기

- 76−24=(70−20)+(6−4)=50+2=52
- 76−24=76−20−4=56−4=52

59−35

3 계산 결과를 비교하여 ○ 안에 >, <를 알맞게 써넣으세요.

76−43 ○ 48−10

4 장난감 가게에서 곰 인형을 어제는 **36**개, 오늘은 **24**개 팔았습니다. 어제는 오늘보다 몇 개를 더 많이 팔았나요?

Jump 2 핵심응용하기

핵심 응용 한초는 삼촌보다 20살 적고 동생은 한초보다 3살 적습니다. 삼촌의 나이가 28살일 때 한초와 동생의 나이는 각각 몇 살인가요?

생각 열기 먼저 한초의 나이를 알아봅니다.

풀이 (한초의 나이)=(삼촌의 나이)−□

=□−□=□(살)

(동생의 나이)=(한초의 나이)−3

=□−□=□(살)

따라서 한초의 나이는 □살이고 동생의 나이는 □살입니다.

답 ______________

6 단원

확인 1 계산 결과가 가장 큰 것부터 차례대로 기호를 쓰세요.

㉠ 25+32　㉡ 76−23
㉢ 60−40　㉣ 12+56

확인 2 농장에 오리, 닭, 병아리가 있는데 그중 오리가 59마리입니다. 닭은 오리보다 4마리 더 적고 병아리는 닭보다 15마리 더 적습니다. 농장에 있는 병아리는 몇 마리인가요?

확인 3 토끼와 거북이가 모두 78마리 있습니다. 거북이가 32마리일 때 토끼는 거북이보다 몇 마리 더 많나요?

덧셈식 세우기

흰 바둑돌이 12개, 검은 바둑돌이 3개 있습니다. 바둑돌은 모두 몇 개인지 알아보세요.

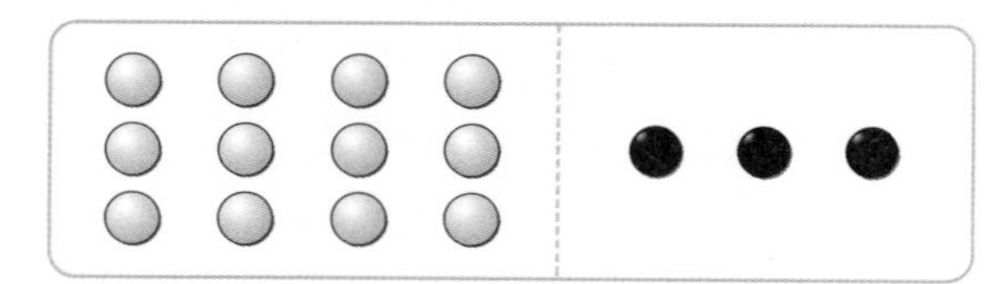

• 전체 바둑돌 수 : 12+3=15 ➡ 15(개)

뺄셈식 세우기

빨간색 구슬이 14개 있습니다. 이 중 2개를 친구에게 준다면 남는 구슬은 몇 개인지 알아보세요.

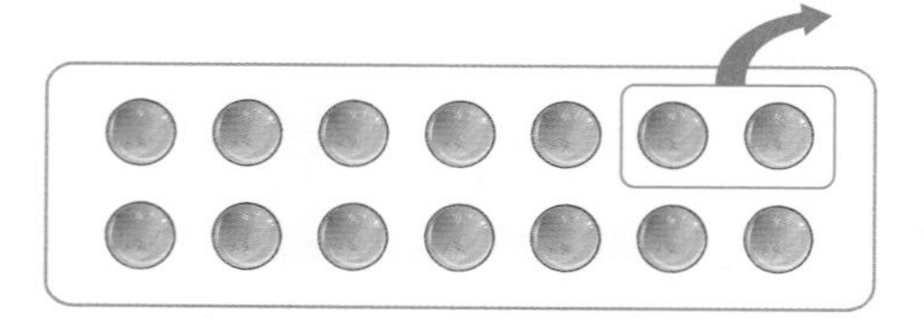

• 남은 구슬 수 : 14−2=12 ➡ 12(개)

농장에 젖소가 36마리, 양이 12마리 있습니다. 물음에 답하세요. [1~2]

1 젖소와 양은 모두 몇 마리인지 덧셈식으로 써 보세요.

2 젖소는 양보다 몇 마리 더 많은지 뺄셈식으로 써 보세요.

밤이 66개, 호두가 23개 있습니다. 물음에 답하세요. [3~4]

3 밤과 호두는 모두 몇 개인가요?

4 밤은 호두보다 몇 개 더 많나요?

5 과일 가게에 귤과 사과가 모두 75개 있습니다. 귤이 42개라면 사과는 몇 개인지 구해 보세요.

★ 뺄셈식을 세워 사과의 수를 구합니다.

핵심 응용 35에서 어떤 수를 빼야 할 것을 잘못하여 더했더니 57이었습니다. 바르게 계산하면 얼마인지 구해 보세요.

생각열기 먼저 잘못 계산한 덧셈식을 만들어 봅니다.

풀이 '35에서 어떤 수를 빼야 할 것을 잘못하여 더했더니 57이었습니다.'를 식으로 나타내면 □+(어떤 수)=□입니다.

따라서 어떤 수는 □−□=□이므로 바르게 계산하면

35−□=□입니다.

답 ______

확인 **1** 25에 어떤 수를 더해야 할 것을 잘못하여 뺐더니 12였습니다. 바르게 계산하면 얼마인지 구해 보세요.

확인 **2** 생선 가게에 갈치와 조기가 모두 76마리 있습니다. 조기가 31마리일 때 갈치는 조기보다 몇 마리 더 많은지 구해 보세요.

확인 **3** 한별이와 용희는 도토리를 87개 주웠습니다. 한별이가 주운 도토리가 45개라면 한별이는 용희보다 도토리를 몇 개 더 많이 주웠는지 구해 보세요.

1 □ 안에 들어갈 수가 가장 작은 것을 찾아 기호를 쓰세요.

㉠ 63+□=69	㉡ 30+□=40
㉢ 57−□=50	㉣ 49−□=44

2 예슬이는 종이학을 **56**개, 종이배를 **35**개 접었습니다. 이 중에서 종이학 **24**개, 종이배 **13**개를 한별이에게 주었다면 예슬이에게 남은 종이학과 종이배는 모두 몇 개인가요?

3 한초네 과수원에는 감나무가 **15**그루, 사과나무가 **23**그루 있고 신영이네 과수원에는 감나무가 **22**그루, 사과나무가 **26**그루 있습니다. 누구네 과수원에 있는 과일나무가 몇 그루 더 많나요?

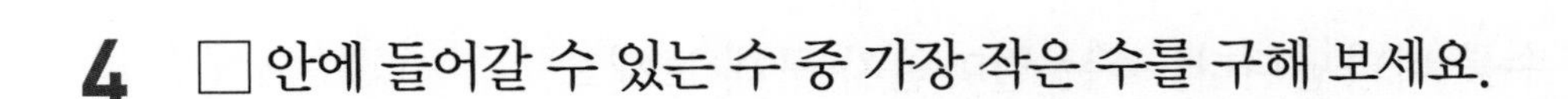

4 □ 안에 들어갈 수 있는 수 중 가장 작은 수를 구해 보세요.

23+□ > 56

5 상연이와 예슬이가 가지고 있는 색종이는 모두 **86**장이고, 상연이는 **42**장을 가지고 있습니다. 두 사람의 색종이 수가 같아지려면 누가 누구에게 몇 장을 주어야 하나요?

6 주어진 **4**장의 숫자 카드 중 **2**장을 골라 몇십과 몇십몇을 만들었습니다. 만든 수 중 셋째로 큰 수와 가장 작은 수의 차를 구해 보세요.

6 3 0 1

7 같은 모양은 같은 수를 나타냅니다. ●는 얼마인지 구해 보세요.

$$74 - \blacktriangle = 23$$
$$\blacktriangle + 16 = \bullet$$

8 다음과 같은 **4**장의 숫자 카드가 있습니다. 서로 다른 **2**장을 골라 만들 수 있는 수 중에서 **24**보다 크고 **34**보다 작은 수들의 합을 구해 보세요.

9 석기와 영수는 같은 수만큼 초콜릿을 가지고 있습니다. 영수가 가지고 있는 초콜릿에서 **17**개를 먹는다면 **31**개가 남습니다. 석기가 가지고 있는 초콜릿 중 **6**개를 동생에게 준다면 석기에게 남는 초콜릿은 몇 개인가요?

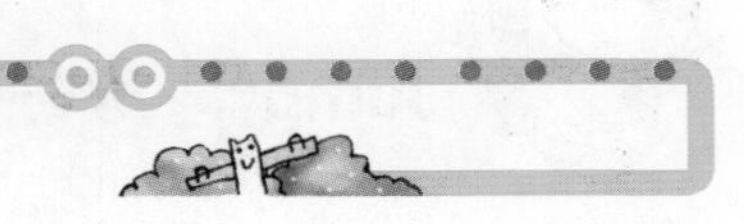

10 주어진 **5**개의 숫자를 □ 안에 모두 써넣어 덧셈식을 완성해 보세요.

2 2 4 5 9

□□ + □ = □□

11 한초는 **1**묶음에 **10**장씩 들어 있는 색종이 **7**묶음과 낱장 **18**장을 가지고 있었습니다. 이 중에서 **25**장을 사용했다면 남은 색종이는 몇 장인가요?

12 가영이는 가지고 있던 연필 중에서 **13**자루를 사용하고 **10**자루를 친구에게 선물로 주었더니 **15**자루가 남았습니다. 가영이가 처음에 가지고 있던 연필은 모두 몇 자루인가요?

13 다음은 동민이가 일주일 동안 공부한 수학 문제집 쪽수입니다. 화요일, 금요일, 토요일에 공부한 쪽수의 합이 **43**쪽이라면 토요일에는 몇 쪽을 공부했나요?

요일	월	화	수	목	금	토	일
쪽수(쪽)	7	12	10	3	11		22

14 **1**부터 **9**까지의 숫자 중에서 □ 안에 들어갈 수 있는 숫자를 모두 찾아 쓰세요.

$$41+36 < \square 7-2$$

15 ㊁는 ㉮보다 **20**만큼 더 큰 수입니다. ㊁와 **33**의 합이 **68**일 때, ㉮는 어떤 수인지 구해 보세요.

16 같은 모양은 같은 수를 나타냅니다. ●+▲를 구해 보세요.

▲－●＝11
★＋●＝61
★＋★＝80

17 동물농장에 돼지, 오리, 닭이 있습니다. 돼지의 수는 오리의 수보다 **22**마리 더 적고, 닭의 수는 돼지의 수보다 **43**마리 더 많습니다. 오리의 수가 **38**마리일 때 동물농장에 있는 닭은 몇 마리인가요?

18 상연이는 가지고 있던 색종이 중 **12**장을 미술 시간에 사용하고 가영이와 예슬이에게 각각 **20**장씩 주었더니 **25**장이 남았습니다. 상연이가 처음에 가지고 있던 색종이는 몇 장인가요?

1 계산 결과가 몇십 또는 몇십몇이 되도록 □ 안에 들어갈 수를 가장 큰 수부터 **3**개만 써 보세요.

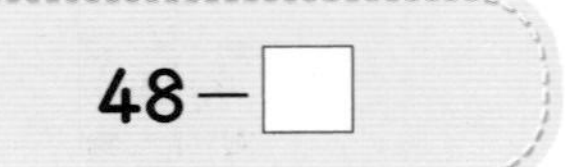

2 **1**부터 **9**까지의 숫자 중에서 ★이 될 수 있는 숫자를 모두 구해 보세요.

★★＋2★＜69

3 사탕을 상연이는 **25**개, 지혜는 **46**개 가지고 있습니다. 상연이가 지혜에게 사탕을 **12**개 주고 다시 지혜는 상연이에게 사탕을 **23**개 준다면 누구의 사탕이 몇 개 더 많은지 구해 보세요.

4 규형이는 구슬을 **24**개 가지고 있었습니다. 그 중에서 **3**개는 동생에게 주고, **11**개는 한별이에게 주었습니다. 그 후 석기에게 몇 개를 받았더니 **12**개가 되었습니다. 규형이가 석기에게 받은 구슬은 몇 개인가요?

5 규칙을 찾아 빈 곳에 알맞은 수를 구해 보세요.

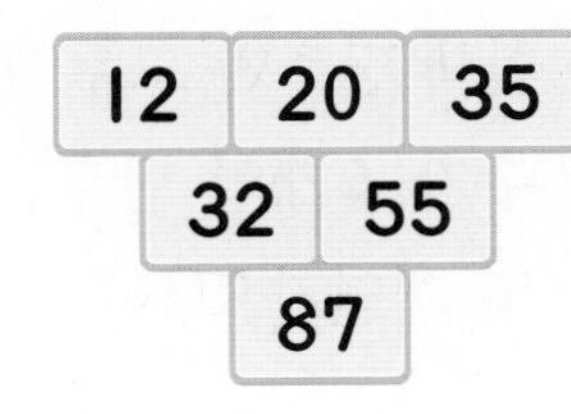

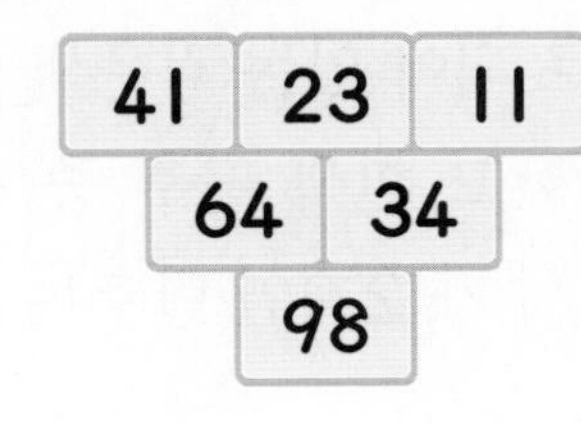

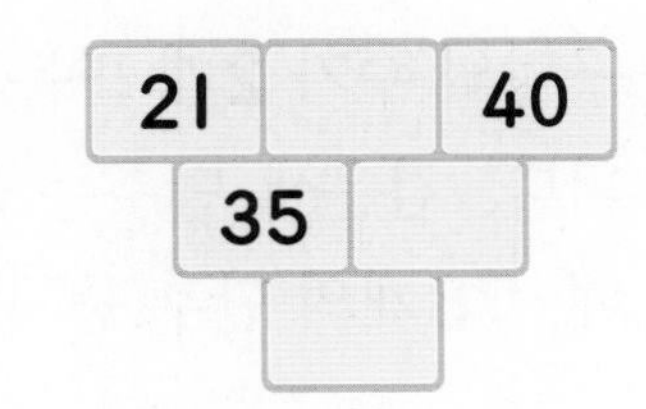

6 단원

6 주어진 **6**개의 숫자를 □ 안에 모두 써넣어 덧셈식을 완성하려고 합니다. 모두 몇 개의 덧셈식을 만들 수 있나요? (단, **16+23=39**, **23+16=39**와 같은 두 덧셈식의 경우 두 수를 더하는 순서만 다를 뿐 같은 덧셈식으로 봅니다.)

2 3 4 5 6 8

□□ + □□ = □□

7 몇십몇인 두 수가 있습니다. 두 수 중 큰 수의 낱개의 수는 **5**이고, 작은 수의 **10**개씩 묶음의 수는 **3**입니다. 두 수의 합이 **78**일 때 두 수의 차는 얼마인가요?

8 구멍의 수가 **2**개 또는 **4**개로 되어 있는 검은색 단추와 흰색 단추가 모두 **78**개 있습니다. 검은색 단추는 **33**개이고 흰색 단추 중 구멍의 수가 **4**개인 단추는 **30**개일 때, **78**개의 단추 중 구멍의 수가 **2**개인 단추는 적어도 몇 개인가요?

9 사탕을 영수는 **46**개, 동민이는 **38**개 가지고 있었습니다. 영수가 사탕을 몇 개 먹고 동민이가 사탕을 **15**개 먹었더니 영수와 동민이에게 남은 사탕이 모두 **48**개였습니다. 영수가 먹은 사탕은 몇 개인가요?

10 주머니 속에 다음과 같은 **6**장의 수 카드가 들어 있습니다. 가영, 한별, 효근이가 차례로 **2**장씩 꺼내어 각각 수 카드에 적힌 두 수를 더했더니 합이 모두 같았습니다. 효근이가 꺼낸 수 카드에 적힌 두 수의 차가 가장 컸을 때, 이 두 수를 구해 보세요.

21	43	32	65	54	76

6 단원

11 어느 목장에 소, 말, 돼지가 모두 **49**마리 있습니다. 소와 말은 **38**마리이고 말과 돼지는 **29**마리입니다. 소, 말, 돼지는 각각 몇 마리씩 있나요?

12 같은 모양은 같은 수를 나타냅니다. ▲의 값을 구해 보세요.

●－▲＝21　　●＋★＝58

★＋■＝39　　■＋■＝★

13 형석이가 가족들의 나이를 설명한 것입니다. 형석이와 아버지의 나이의 합을 구해 보세요.

- 형석이와 동생 나이의 합은 **12**살입니다.
- 어머니와 아버지 나이의 합은 **76**살입니다.
- 형석이는 동생보다 **4**살이 많습니다.
- 아버지는 어머니보다 **4**살이 많습니다.

14 □ 안에 **1**부터 **9**까지의 숫자 중 서로 다른 숫자를 넣으려고 합니다. 만들 수 있는 식은 모두 몇 개인지 구해 보세요. (단, **15**+**24**와 **24**+**15**와 같이 두 수를 더하는 순서만 바꾼 것은 같은 식으로 생각합니다.)

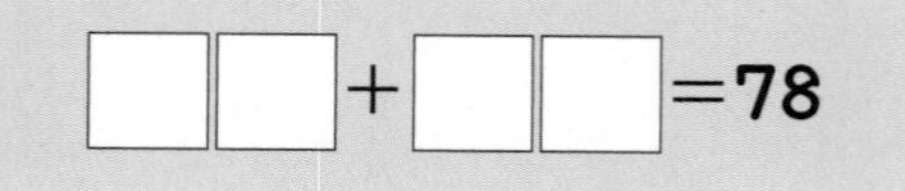

□□+□□=78

15 6, 9, 8, 1, 4 의 숫자 카드 중 두 장을 골라 몇십몇을 만들려고 합니다. 만들 수 있는 몇십몇을 이용하여 ㉠과 ㉡의 차를 구해 보세요.

- 만들 수 있는 몇십몇 중 둘째로 큰 수와 둘째로 작은 수의 차는 ㉠입니다.
- 만들 수 있는 몇십몇 중 다섯째로 큰 수와 넷째로 작은 수의 차는 ㉡입니다.

16 다음에서 ㉮와 ㉯의 차는 얼마인지 구해 보세요.

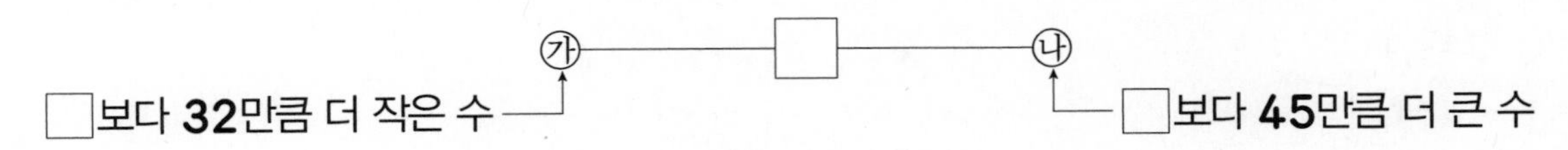

17 수를 넣으면 넣은 수에 어떤 수를 더하는 ㉮ 계산기와 넣은 수에서 어떤 수를 빼는 ㉯ 계산기가 있습니다. 다음에서 ㉠, ㉡에 들어갈 수의 합은 얼마인지 구해 보세요.

유승: 내가 ㉮ 계산기에 15를 넣었더니 28이 나왔고, ㉯ 계산기에 19를 넣었더니 11이 나왔어.

수빈: 그래? 나는 40을 ㉮ 계산기에 3번 넣고, ㉯ 계산기에 ㉠ 번 넣었더니 63이 나왔어.

유승: 그럼 이번에는 내가 32를 ㉮ 계산기에 2번 넣고, ㉯ 계산기에 3번 넣으면 ㉡ 이 나오겠네.

18 예나, 주희, 형석이는 수 카드 34, 57, 77, 46, 78, 99 중에서 2장씩 뽑아 각각 차를 구했습니다. 주희가 뽑은 두 수의 차는 예나가 뽑은 두 수의 차보다 크고, 형석이가 뽑은 두 수의 차보다 작았습니다. 주희가 78, 99 를 뽑았을 때 예나가 뽑은 두 수의 차를 구해 보세요. (단, 다른 사람이 뽑은 수 카드는 다시 뽑을 수 없습니다.)

Jump 5 영재교육원 입시대비문제

1 다음 식에서 ▲와 ★의 차는 얼마인가요? (단, 같은 모양은 같은 수를 나타냅니다.)

★ + 24 = ♥ ▲ − 10 = ♥

2 석기네 반 학생 19명이 좋아하는 과목을 조사하였더니 다음과 같았습니다. 국어와 수학을 모두 좋아하지 않는 학생은 몇 명인가요?

- 국어를 좋아하는 학생은 3명이고 수학을 좋아하는 학생은 14명입니다.
- 국어와 수학을 모두 좋아하는 학생은 1명입니다.

MEMO

MEMO

왕수학

왕수학

정답과 풀이

1-2

(주)에듀왕

왕수학

정답과 풀이

1 100까지의 수

Jump① 핵심알기 6쪽

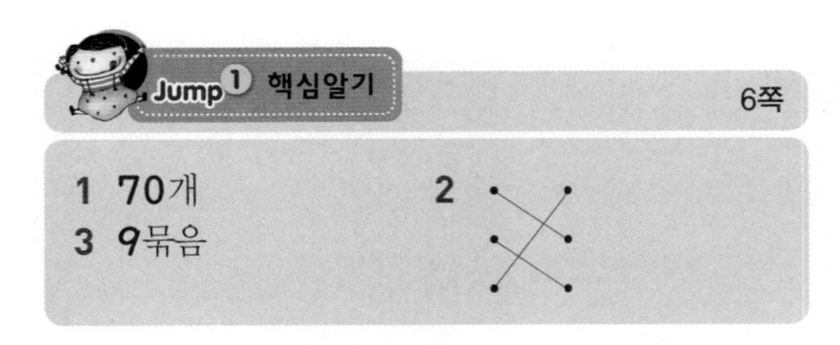

1 70개
3 9묶음
2

1 수수깡이 10개씩 묶음 7개입니다.
따라서 수수깡은 모두 70개입니다.

2 • 십 모형이 9개이므로 90입니다.
• 수수깡이 10개씩 묶음 6개이므로 60입니다.
• 색종이가 10장씩 묶음 8개이므로 80입니다.

3 90자루는 10자루씩 묶음 9개입니다.

Jump② 핵심응용하기 7쪽

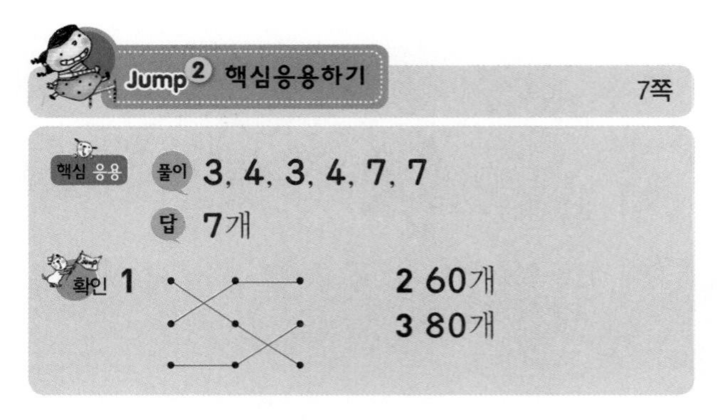

핵심 응용 풀이 3, 4, 3, 4, 7, 7
답 7개
확인 1
2 60개
3 80개

1 • 10개씩 묶음 7개를 70이라 하고 칠십 또는 일흔이라고 읽습니다.
• 10개씩 묶음 9개를 90이라 하고 구십 또는 아흔이라고 읽습니다.
• 10개씩 묶음 8개를 80이라 하고 팔십 또는 여든이라고 읽습니다.

2 사탕 9묶음 중에서 3묶음을 동생에게 주었으므로 $9-3=6$(묶음)이 남았습니다.
따라서 용희에게 남은 사탕은 10개씩 묶음 6개이므로 60개입니다.

3 사과와 복숭아가 10개씩 들어 있는 상자는 모두 $5+3=8$(상자)입니다.
따라서 사과와 복숭아는 10개씩 8상자이므로 모두 80개입니다.

Jump① 핵심알기 8쪽

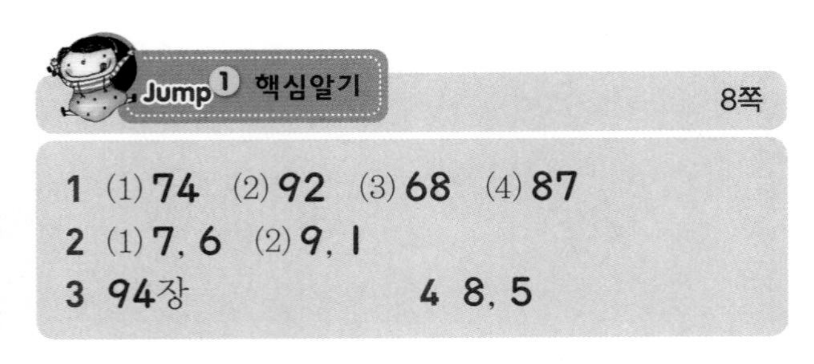

1 (1) 74 (2) 92 (3) 68 (4) 87
2 (1) 7, 6 (2) 9, 1
3 94장 4 8, 5

1 (1) 74 ➡ 칠십사 또는 일흔넷
(2) 92 ➡ 구십이 또는 아흔둘
(3) 68 ➡ 육십팔 또는 예순여덟
(4) 87 ➡ 팔십칠 또는 여든일곱

2 (1) 76에서 10개씩 묶음의 수는 7이고 낱개의 수는 6입니다.
(2) 91에서 10개씩 묶음의 수는 9이고 낱개의 수는 1입니다.

3 10장씩 묶음 9개와 낱장 4장이므로 94장입니다.
따라서 석기가 가지고 있는 딱지는 모두 94장입니다.

4 여든다섯 ➡ 85
85는 10개씩 묶음이 8개이고 낱개가 5개입니다.

Jump② 핵심응용하기 9쪽

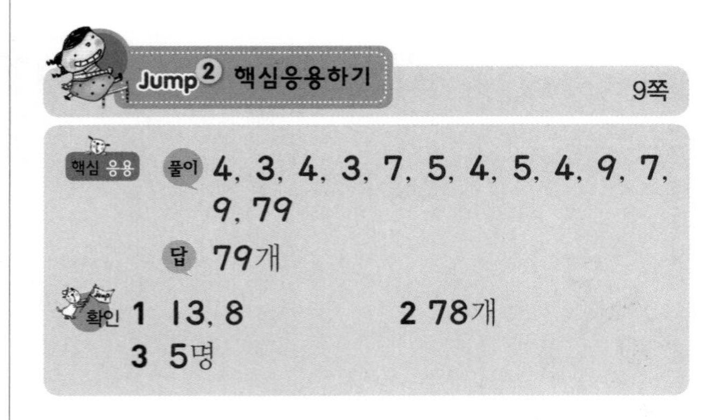

핵심 응용 풀이 4, 3, 4, 3, 7, 5, 4, 5, 4, 9, 7, 9, 79
답 79개
확인 1 13, 8 2 78개
3 5명

1 • 73은 10개씩 묶음 7개와 낱개 3개이고 이것은 10개씩 묶음 6개와 낱개 13개와 같습니다.
• 97은 10개씩 묶음 9개와 낱개 7개이고 이것은 10개씩 묶음 8개와 낱개 17개와 같습니다.

2 한솔이가 가지고 있는 바둑돌은 상연이가 가지고 있는 바둑돌보다 10개씩 묶음 2개와 낱개 5개가 더 많으므로 10개씩 묶음 7개와 낱개 8개입니다.
따라서 한솔이가 가지고 있는 바둑돌은 78개입니다.

3 사탕 **57**개는 **10**개씩 묶음 **5**개와 낱개 **7**개입니다. 따라서 **1**명에게 **10**개씩 나누어 주면 **5**명에게 나누어 주고 **7**개가 남습니다.

Jump① 핵심알기 10쪽

1 쉰아홉 개, 칠십이 번, 구십사 번, 아흔네 개
2 구십삼, 이십오
3 여든두
4 팔십칠, 여든일곱

1 버스 번호는 한자어, 구슬의 개수는 우리말로 셉니다.

3 **10**개씩 묶음 **8**개와 낱개 **2**개는 **82**를 나타냅니다.

4 **87**은 팔십칠 또는 여든일곱이라고 읽습니다.

Jump② 핵심응용하기 11쪽

풀이 육십삼, 구십일, 여든여덟, ㉢

답 ㉢

확인 1 여든다섯, 칠십 2 유승
3 예 사과 농장은 과수원로 칠십구에 있고, 한 번에 쉰 명이 체험할 수 있습니다.

2 **80**번 ➡ 팔십 번, **65**번 ➡ 줄넘기 예순다섯 번, **73** ➡ 공깃돌 일흔세 개

Jump① 핵심알기 12쪽

1 (1) 91, 94 (2) 81, 82
2 67, 70, 71, 72, 75, 76, 77, 79, 82
3 62 89(△) 97 91(○) 74
4 59, 60, 61, 62

1 (1) **92**보다 **1**만큼 더 작은 수는 **91**이고 **93**과 **95** 사이에 있는 수는 **94**입니다.
(2) **80**보다 **1**만큼 더 큰 수는 **81**이고, **83**보다 **1**만큼 더 작은 수는 **82**입니다.

2 **65**부터 **82**까지의 수를 순서대로 씁니다.

3 **90**보다 **1**만큼 더 큰 수는 **91**이고 **1**만큼 더 작은 수는 **89**입니다.

4 58−59−60−61−62−63
58과 **63** 사이에 있는 수

Jump② 핵심응용하기 13쪽

핵심응용 풀이 85, 86, 84, 90, 85, 86, 87, 88, 89, ㉢, ㉣

답 ㉢, ㉣

확인 1

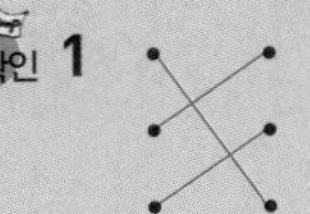

2 62장
3 84, 85, 86, 87

1 **46**보다 **10**만큼 더 큰 수 ➡ **56**, **79**와 **81** 사이에 있는 수 ➡ **80**, **60**보다 **1**만큼 더 작은 수 ➡ **59**, **81**보다 **1**만큼 더 작은 수 ➡ **80**, **58**보다 **1**만큼 더 큰 수 ➡ **59**, **55**와 **57** 사이에 있는 수 ➡ **56**

2 한초가 가지고 있는 딱지는 **67**장입니다. **67**보다 **5**만큼 더 작은 수는 **62**이므로 신영이가 가지고 있는 딱지는 **62**장입니다.

3 **81**보다 **2**만큼 더 큰 수는 **83**이고 **90**보다 **2**만큼 더 작은 수는 **88**입니다.
따라서 **83**과 **88** 사이에 있는 수는 **84**, **85**, **86**, **87**입니다.

Jump① 핵심알기 14쪽

1 (1) < (2) > 2 한초
3 86 61(△) 93(○) 77
4 88, 86, 73, 65, 62
5 (5, 6, ⑦, ⑧, ⑨)

1 (1) 86은 10개씩 묶음의 수가 8이고 94는 10개씩 묶음의 수가 9이기 때문에 94가 더 큽니다.
(2) 10개씩 묶음의 수는 같고 62가 60보다 낱개의 수가 더 크기 때문에 62가 더 큽니다.

2 69는 10개씩 묶음의 수가 6이고 96은 10개씩 묶음의 수가 9이기 때문에 96이 더 큽니다.
따라서 한초가 효근이보다 위인전을 더 많이 가지고 있습니다.

3 가장 큰 수부터 차례대로 쓰면 93, 86, 77, 61이므로 가장 큰 수는 93이고 가장 작은 수는 61입니다.

4 10개씩 묶음의 수가 큰 수부터 씁니다.
10개씩 묶음의 수가 같을 때에는 낱개의 수가 클수록 큰 수입니다.
➡ 88>86>73>65>62

5 10개씩 묶음의 수가 같으므로 오른쪽 수의 낱개의 수가 더 커야 합니다.
따라서 □는 6보다 커야 하므로 □ 안에 들어갈 수 있는 숫자는 7, 8, 9입니다.

Jump 2 핵심응용하기 15쪽

핵심 응용 풀이 85, 81, 5, 1, 석기
답 석기

확인 1 (1) > (2) >
2 영수, 신영, 동민, 한별
3 4개

1 (1) 73은 10개씩 묶음의 수가 7이고 69는 10개씩 묶음의 수가 6이기 때문에 73이 더 큽니다.
(2) 10개씩 묶음의 수는 같고 89가 87보다 낱개의 수가 더 크기 때문에 89가 더 큽니다.

2 10개씩 묶음의 수를 비교하면 신영이는 8, 영수는 9, 한별이는 6, 동민이는 7입니다.
따라서 공깃돌을 가장 많이 가지고 있는 어린이부터 차례대로 이름을 쓰면 영수, 신영, 동민, 한별입니다.

3 6□<64에서 □ 안에 들어갈 수 있는 숫자는 0, 1, 2, 3입니다.
따라서 10개씩 묶음의 수가 6인 수 중에서 64보다 작은 수는 60, 61, 62, 63으로 모두 4개입니다.

Jump 1 핵심알기 16쪽

1 (1) 홀 (2) 짝　　2 짝수
3 34, 26, 50, 10, 28
4 1, 3, 5, 7, 9, 11, 13
5 동민

2 ㉠에 알맞은 수는 40이므로 짝수입니다.
4 15보다 작은 수이므로 15는 쓰지 않습니다.
5 49보다 1만큼 더 큰 수는 50이므로 짝수입니다.

Jump 2 핵심응용하기 17쪽

핵심 응용 풀이 23, 24, 20, 22, 24, 26, 20, 23, 24, 20, ㉡, ㉠, ㉢
답 ㉡, ㉠, ㉢

확인 1 7, 9　　2 6개
3 6개

1 10개씩 묶음의 수가 같으므로 낱개의 수를 비교하면 □가 5보다 커야 합니다. ㉠은 ㉡보다 큰 홀수이므로 □ 안에 들어갈 수 있는 숫자는 7, 9입니다.

2 25보다 크고 38보다 작은 짝수는 26, 28, 30, 32, 34, 36이므로 모두 6개입니다.

3 만들 수 있는 수는 12, 13, 14, 21, 23, 24, 31, 32, 34, 41, 42, 43입니다.
따라서 만들 수 있는 수 중에서 홀수는 13, 21, 23, 31, 41, 43으로 모두 6개입니다.

다른 풀이
낱개의 수가 1인 경우 : 21, 31, 41 ➡ 3개
낱개의 수가 3인 경우 : 13, 23, 43 ➡ 3개
따라서 모두 3+3=6(개)입니다.

Jump③ 왕문제 18쪽~23쪽

1 9개	2 71개
3 ㉢	4 28장
5 3개	6 12개
7 3개	8 59
9 53, 62, 71, 80	10 7장
11 가영, 2쪽	12 4개
13 11개	14 ㉠
15 90권	16 5개
17 62장	18 1, 2

1 만들 수 있는 몇십과 몇십몇을 가장 작은 수부터 차례대로 쓰면 60, 68, 69, 80, 86, 89, 90, 96, 98로 모두 9개입니다.

2 사탕 5개씩 4봉지는 10개씩 2봉지와 같고, 낱개 11개는 10개씩 1봉지와 낱개 1개와 같습니다.
따라서 효근이가 가지고 있는 사탕은 10개씩 7봉지와 낱개 1개이므로 모두 71개입니다.

3 ㉠ 65−66−67−68이므로 65보다 3만큼 더 큰 수는 68입니다.
㉡ 68−69−70이므로 68과 70 사이의 수는 69입니다.
㉢ 10개씩 묶음 5개와 낱개 22개는 10개씩 묶음 7개와 낱개 2개이므로 72입니다.
72>69>68이므로 가장 큰 수는 ㉢입니다.

4 아흔여덟 ➡ 98
98장은 10장씩 묶음 9개와 낱장 8장입니다.
10장씩 일곱 사람에게 나누어 주면 70장이므로 남는 딱지는 10장씩 묶음 2개와 낱장 8장인 28장입니다.

5 1부터 9까지의 숫자를 □ 안에 차례대로 넣어 보면 15<61, 25<62, 35<63, 45<64, 55<65, 65<66, 75>67, 85>68, 95>69입니다.
따라서 □ 안에 들어갈 수 있는 숫자는 7, 8, 9이므로 모두 3개입니다.

6 일의 자리에 숫자 7, 5, 3이 놓일 때 홀수가 됩니다.
• 일의 자리 숫자가 7 : 47, 27, 57, 37 ➡ 4개
• 일의 자리 숫자가 5 : 45, 75, 25, 35 ➡ 4개
• 일의 자리 숫자가 3 : 43, 73, 23, 53 ➡ 4개
➡ 4+4+4=12(개)

7 74와 90 사이에 있는 수는 75, 76, 77, 78, 79, 80, 81, 82, 83, 84, 85, 86, 87, 88, 89이고 이 중에서 10개씩 묶음의 수가 낱개의 수보다 작은 수는 78, 79, 89이므로 모두 3개입니다.

8 68보다 13만큼 더 큰 수는 81, 81보다 9만큼 더 작은 수는 72, 72보다 10만큼 더 작은 수는 62, 62보다 10만큼 더 작은 수는 52, 52보다 7만큼 더 큰 수는 59입니다.
따라서 ㉮에 알맞은 수는 59입니다.

9 50보다 큰 수이므로 ●는 5, 6, 7, 8, 9가 될 수 있습니다. ●와 ▲의 합이 8인 경우는 아래와 같으므로 설명을 모두 만족하는 수는 53, 62, 71, 80입니다.

●	5	6	7	8	9
▲	3	2	1	0	×

10 100장 ➡ 10장씩 묶음 10개 또는 10장씩 묶음 9개와 낱장 10장
한솔이가 가지고 있는 색종이 10장씩 묶음 7개와 낱장 23장은 10장씩 묶음 7+2=9(개)와 낱장 3장이므로 93장입니다.
따라서 93−94−95−96−97−98−99−100에서 앞으로 7장을 더 모으면 100장입니다.

11 • 가영 : 84, 85, 86, 87, 88, 89, 90, 91, 92, 93 ➡ 10쪽
• 영수 : 63, 64, 65, 66, 67, 68, 69, 70 ➡ 8쪽
따라서 가영이가 수학 문제집을 2쪽 더 많이 공부했습니다.

12 10개씩 묶음 5개와 낱개 16개인 수는 10개씩 묶음 6개와 낱개 6개이므로 66입니다. 또, 85보다 10만큼 더 작은 수는 75입니다.
따라서 66과 75 사이에 있는 수는 67, 68, 69, 70, 71, 72, 73, 74이고 이 중 홀수는 67, 69, 71, 73으로 모두 4개입니다.

13 • 석기 : 70, 79, 90, 97 ➡ 짝수 : 70, 90
• 상연 : 14, 16, 18, 41, 46, 48, 61, 64, 68, 81, 84, 86

➡ 짝수 : 14, 16, 18, 46, 48, 64, 68, 84, 86

따라서 두 어린이가 만든 수 중에서 짝수는 모두 11개입니다.

14 ㉠ 칠십오 층 ㉡ 여든 개 ㉢ 쉰한 개 ㉣ 아흔세 마리

15 87보다 5만큼 더 작은 수는 82이므로 규형이가 가지고 있는 동화책은 82권입니다.
82보다 8만큼 더 큰 수는 90이므로 용희가 가지고 있는 동화책은 90권입니다.

16 59보다 4만큼 더 큰 수 ➡ 63,
81보다 8만큼 더 작은 수 ➡ 73,
63과 73 사이에 있는 수는 64, 65, 66, 67, 68, 69, 70, 71, 72이고 낱개의 수가 10개씩 묶음의 수보다 작은 수는 64, 65, 70, 71, 72로 모두 5개입니다.

17 초록색 색종이가 가장 많으므로 분홍색 색종이는 70장입니다. 보라색 색종이는 분홍색 색종이보다 8장 더 적으므로 70보다 8만큼 더 작은 수는 62, 보라색 색종이는 62장입니다.

18 65>□8일 때 □ 안에 들어갈 수 있는 숫자는 1, 2, 3, 4, 5입니다.
4□<43일 때 □ 안에 들어갈 수 있는 숫자는 0, 1, 2입니다.
따라서 □ 안에 공통으로 들어갈 수 있는 숫자는 1, 2입니다.

Jump④ 왕중왕문제 24쪽~29쪽

1 14개 2 47, 79
3 21번 4 7, 6, 5, 6
5 63 6 64자루
7 11 8 8개
9 82 10 54, 오십사, 쉰넷
11 여든일곱 12 13개
13 4개 14 89점
15 8개 16 10명
17 24개 18 81

1 28보다 크고 89보다 작은 수 중에서 숫자 8이 들어 있는 수를 찾습니다.
• 낱개의 수가 8인 수는 38, 48, 58, 68, 78, 88 ➡ 6개
• 10개씩 묶음의 수가 8인 수는 80, 81, 82, 83, 84, 85, 86, 87, 88 ➡ 9개
88은 낱개의 수가 8인 수와 10개씩 묶음의 수가 8인 수에 중복되므로 숫자 8이 들어 있는 수는 모두 $6+9-1=14$(개)입니다.

2 만들 수 있는 수를 가장 작은 수부터 나열하면 40, 45, 47, 49, ……이므로 3번째로 작은 수는 47이고, 가장 큰 수부터 나열하면 97, 95, 94, 90, 79, 75, ……이므로 5번째로 큰 수는 79입니다.

3 • 낱개의 수에 숫자 1을 쓰는 경우는 1, 11, 21, 31, 41, 51, 61, 71, 81, 91 ➡ 10번
• 10개씩 묶음의 수에 숫자 1을 쓰는 경우는 10, 11, 12, 13, 14, 15, 16, 17, 18, 19 ➡ 10번
• 100 ➡ 1번
따라서 숫자 1은 모두 21번 씁니다.

4 • 예슬이가 만든 수는 지혜가 만든 수인 75보다 10만큼 더 작으므로 65입니다.
• 영수가 만든 수는 예슬이가 만든 수보다 크고 지혜가 만든 수보다 작아야 하므로 74입니다.
• 한솔이가 만든 수는 예슬이가 만든 수보다 크고 영수가 만든 수보다 작아야 하므로 68입니다.

5 10개씩 묶음의 수를 ■, 낱개의 수를 ▲라고 하면 ■와 ▲의 합이 9인 경우는 다음과 같습니다.

■	1	2	3	4	5	6	7	8	9
▲	8	7	6	5	4	3	2	1	0

설명에 알맞은 수는 ■=6, ▲=3이므로 63입니다.

6 웅이가 가지고 있는 연필 수는 석기가 가지고 있는 연필 수보다 9자루 더 적으므로 65자루보다 9자루만큼 더 적은 56자루입니다.
한초가 가지고 있는 연필 수는 웅이가 가지고 있는 연필 수보다 8자루 더 많으므로 56자루보다 8자루만큼 더 많은 64자루입니다.

7 10개씩 묶음의 수가 낱개의 수보다 6만큼 더 큰 수는 60, 71, 82, 93입니다.

이 중 10개씩 묶음의 수와 낱개의 수의 합이 6과 8인 경우는 각각 60과 71입니다.
따라서 큰 수 71은 작은 수 60보다 11만큼 더 큽니다.

8 주사위를 던져서 나오는 숫자로 10개씩 묶음의 수와 낱개의 수의 차가 2가 되는 경우는 1과 3, 2와 4, 3과 5, 4와 6입니다.
따라서 만들 수 있는 몇십몇인 수는 13, 31, 24, 42, 35, 53, 46, 64로 모두 8개입니다.

9 ① 51부터 100까지의 50개의 수 중 홀수 번째의 수를 지우면 다음과 같이 짝수인 25개의 수가 남습니다.
52, 54, 56, 58, 60, 62, 64, 66, 68, 70, 72, 74, 76, 78, 80, 82, 84, 86, 88, 90, 92, 94, 96, 98, 100
② 25개의 수 중 홀수 번째의 수를 지우면 다음과 같이 12개의 수가 남습니다.
54, 58, 62, 66, 70, 74, 78, 82, 86, 90, 94, 98
③ 12개의 수 중 홀수 번째의 수를 지우면 다음과 같이 6개의 수가 남습니다.
58, 66, 74, 82, 90, 98
④ 6개의 수 중 홀수 번째의 수를 지우면 다음과 같이 3개의 수가 남습니다.
66, 82, 98
⑤ 3개의 수 중 홀수 번째의 수를 지우면 마지막에 남는 수는 82입니다.

10 10개씩 묶음의 수는 5, 6, 7, 8 중 하나입니다.
10개씩 묶음의 수와 낱개의 수의 합이 10보다 작으므로 구하는 수는 50, 51, 52, 53, 54, 60, 61, 62, 63, 70, 71, 72, 80, 81 중 하나입니다. 이 중에서 낱개의 수가 3보다 큰 수는 54이고 오십사 또는 쉰넷으로 읽습니다.

11 우리말－한자어, 수의 순서가 바뀌는 규칙이 있습니다. 승우가 칠십팔(78)이라고 하였으므로 지혜는 여든일곱(87)이라고 해야 합니다.

12 • 10개씩 묶음 2개와 낱개 3개인 수 : 23
• 10개씩 묶음 5개와 낱개 15개인 수 : 65
23보다 크고 65보다 작은 수 중에서 숫자 3이 들어가는 수는 30, 31, 32, 33, 34, 35, 36, 37, 38, 39, 43, 53, 63으로 모두 13개입니다.

13 58과 ㉮ 사이의 수는 모두 10개이므로
㉮$=58+10+1=69$입니다.
㉯와 85 사이의 수는 모두 10개이므로
㉯$=85-10-1=74$입니다.
따라서 69와 74 사이의 수는 70, 71, 72, 73으로 4개입니다.

14 92보다 작고 81보다 큰 홀수는 83, 85, 87, 89, 91입니다. 이 중에서 일의 자리의 숫자가 십의 자리 숫자보다 큰 수는 89입니다. ➡ 89점

15 ㉮와 ㉯가 될 수 있는 경우는 다음과 같습니다.

㉮	56	57	58	65	67	75	76	85
㉯	65	75	85	56	76	57	67	58

따라서 ㉮가 될 수 있는 수는 모두 8개입니다.

16 은지는 27번째에 서 있고 현준이는 뒤에서 13번째에 서 있으므로 앞에서부터는 38번째에 서 있습니다. 따라서 은지와 현준이 사이에 서 있는 학생은 모두 10명입니다.

17 〈앞면〉 8 9 2 4 5
〈뒷면〉 2 1 8 6 5
만들 수 있는 짝수는 12, 14, 16, 18, 22, 24, 26, 28, 42, 48, 52, 54, 56, 58, 62, 68, 82, 84, 86, 88, 92, 94, 96, 98이므로 모두 24개입니다.

18 두 자리 수에서 9씩 커지려면 10씩 묶음의 수는 1씩 커지고 낱개의 수는 1씩 작아져야 합니다.

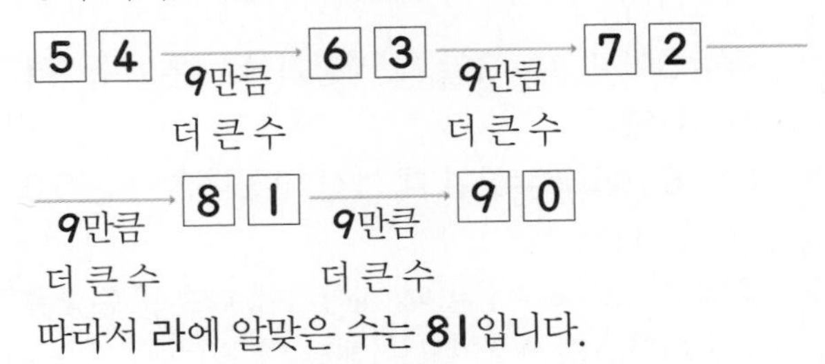

따라서 라에 알맞은 수는 81입니다.

Jump⑤ 영재교육원 입시대비문제 30쪽

1 가 : 62, 나 : 72 또는 가 : 22, 나 : 62 또는 가 : 12, 나 : 22 또는 가 : 37, 나 : 47
2 9

1 ① 10씩 커지는 규칙으로 늘어놓는 방법

32 − 42 − 52 − 62 − 72

➡ 가=62, 나=72

22 − 32 − 42 − 52 − 62

➡ 가=22, 나=62

12 − 22 − 32 − 42 − 52

➡ 가=12, 나=22

② 5씩 커지는 규칙으로 늘어놓는 방법

32 − 37 − 42 − 47 − 52

➡ 가=37, 나=47

따라서 가 : 62, 나 : 72 또는 가 : 22, 나 : 62 또는 가 : 12, 나 : 22 또는 가 : 37, 나 : 47입니다.

2 석기의 경우 어떤 수를 ■라고 하면 76보다 ■만큼 작은 수가 나오고, 예슬이의 경우 어떤 수를 ▲라고 하면 68보다 ▲만큼 큰 수가 나옵니다.
■=3이고 ▲=5일 때 계산기에 나온 수는 73으로 같습니다. (▲가 5이므로 해당 안 됨)
■=4이고 ▲=4일 때 계산기에 나온 수는 72로 같습니다.
■=5이고 ▲=3일 때 계산기에 나온 수는 71로 같습니다.
■=6이고 ▲=2일 때 계산기에 나온 수는 70으로 같습니다.
■=7이고 ▲=1일 때 계산기에 나온 수는 69로 같습니다. (■가 7이므로 해당 안 됨)
따라서 예슬이의 경우에서 어떤 수가 될 수 있는 수들은 2, 3, 4이므로 수들의 합은
2+3+4=5+4=9입니다.

2 덧셈과 뺄셈(1)

Jump① 핵심알기 32쪽

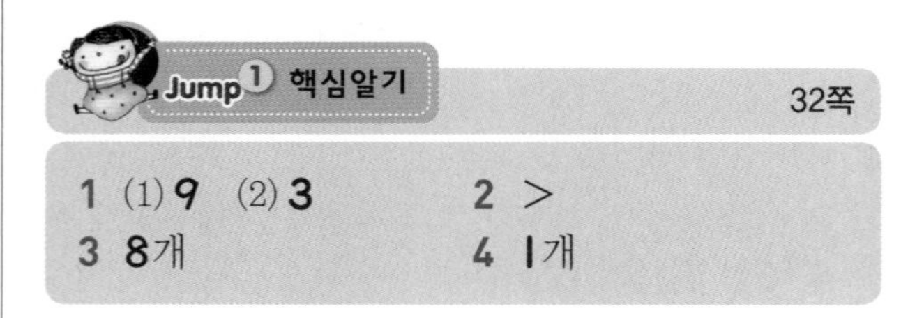

1 (1) 9 (2) 3　　2 >
3 8개　　4 1개

2 8−2−3=3, 9−5−3=1
3 빨간색 모자와 노란색 모자의 수에 파란색 모자의 수를 더하면 2+5+1=8(개)입니다.
따라서 모자는 모두 8개입니다.
4 8−3−4=5−4=1(개)

Jump② 핵심응용하기 33쪽

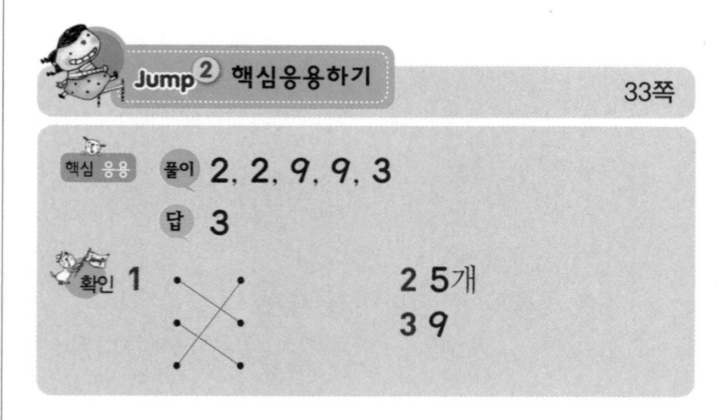

핵심 응용 풀이 2, 2, 9, 9, 3
답 3
확인 1　　2 5개
3 9

1 3+3+1=7, 3+1+5=9, 2+1+3=6, 9−2−1=6, 2+4+1=7, 2+3+4=9
2 더 넣은 감자의 수를 □라고 하면 4+3+□=9, 7+□=9, 9−7=□, □=2(개)입니다.
따라서 바구니 속의 감자는 모두 3+2=5(개)가 되었습니다.
3 어떤 수를 □라고 하면 어떤 수보다 2만큼 더 작은 수는 □−2입니다.
따라서 □−2−4=3에서 □에 알맞은 수는 9입니다.

Jump① 핵심알기 34쪽

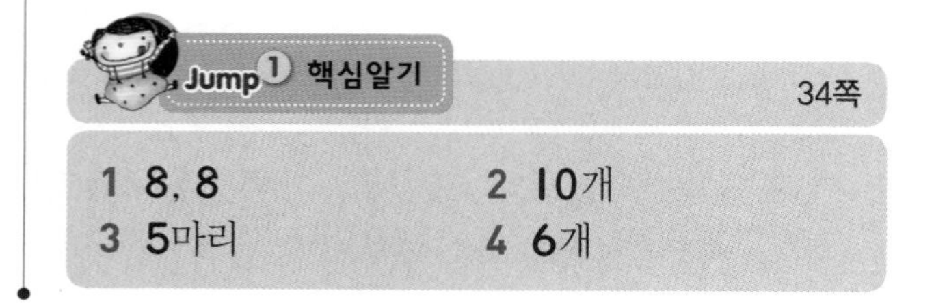

1 8, 8　　2 10개
3 5마리　　4 6개

1 2에서 10까지 가려면 8칸을 더 가야 합니다.

2 야구공 7개와 축구공 3개를 더하면 모두 $7+3=10$(개)입니다.

3 더 날아온 참새의 수를 $\square$라고 하면 $5+\square=10$ ➡ $\square=5$(마리)입니다.

4 아버지에게 받은 사탕을 $\square$개라고 하면, $4+\square=10$, $\square=10-4=6$입니다.

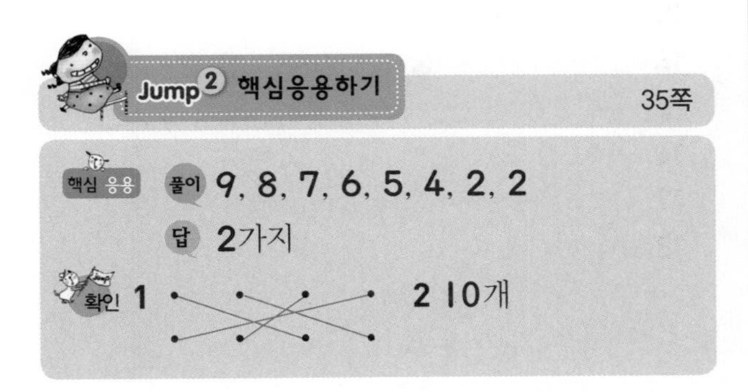

Jump② 핵심응용하기 35쪽

핵심 응용 풀이 9, 8, 7, 6, 5, 4, 2, 2

답 2가지

확인 1 (선 잇기 그림) 2 10개

1 두 수의 합이 10이 되는 수를 찾아봅니다.
$3+7=10$, $5+5=10$, $2+8=10$, $9+1=10$

2 한별이가 3일 동안 먹은 요구르트는 $3+3+3=6+3=9$(개)입니다.
따라서 남은 요구르트가 1개이므로 처음 냉장고 안에 있던 요구르트는 $9+1=10$(개)입니다.

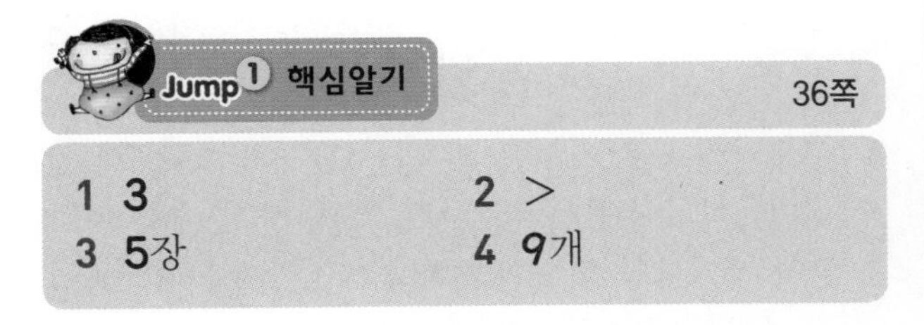

Jump① 핵심알기 36쪽

1 3 2 >

3 5장 4 9개

1 꽃 10송이 중에서 3송이를 지우면 7송이가 남습니다.

2 $10-4=6$, $10-7=3$

3 처음 가지고 있던 색종이 10장 중에서 사용한 색종이 5장을 빼면 $10-5=5$(장)입니다.
따라서 남은 색종이는 5장입니다.

4 동생에게 준 사탕의 수를 $\square$라고 하면 $10-\square=1$ ➡ $\square=9$(개)입니다.

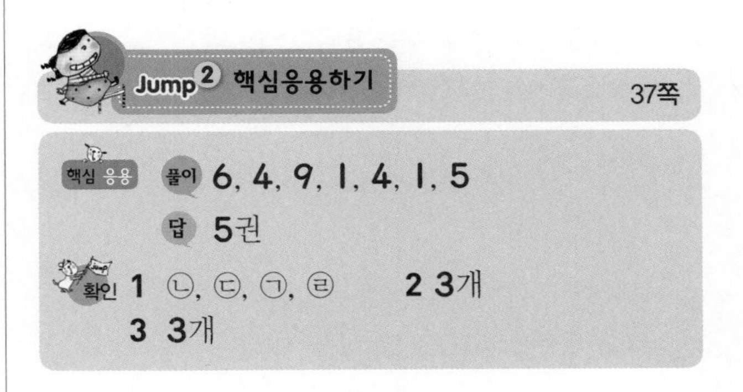

Jump② 핵심응용하기 37쪽

핵심 응용 풀이 6, 4, 9, 1, 4, 1, 5

답 5권

확인 1 ㉡, ㉢, ㉠, ㉣ 2 3개

3 3개

1 ㉠ $5+\square=10$ ➡ $\square=5$
㉡ $10-\square=2$ ➡ $\square=8$
㉢ $10-\square=4$ ➡ $\square=6$
㉣ $7+\square=10$ ➡ $\square=3$
따라서 $\square$ 안에 들어갈 수가 가장 큰 것부터 차례대로 기호를 쓰면 ㉡, ㉢, ㉠, ㉣입니다.

2 용희가 먹은 귤은 4개이므로 먹고 남은 귤은 $10-4=6$(개)입니다.
따라서 용희가 먹고 남은 귤 6개의 반은 3개이므로 웅이에게 주고 남은 귤은 $6-3=3$(개)입니다.

3 효근이가 먹은 아이스크림과 남은 아이스크림은 $5+2=7$(개)입니다.
따라서 석기가 먹은 아이스크림은 $10-7=3$(개)입니다.

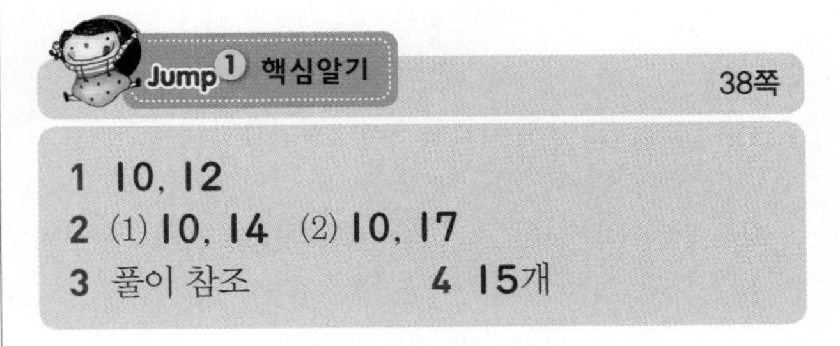

Jump① 핵심알기 38쪽

1 10, 12

2 (1) 10, 14 (2) 10, 17

3 풀이 참조 4 15개

1 합이 10이 되는 두 수는 3과 7입니다.
➡ $3+2+7=10+2=12$

2 합이 10이 되는 두 수를 찾습니다.
(1) $9+1+4=10+4=14$
(2) $7+2+8=7+10=17$

3 합이 10이 되는 두 수는 8과 2입니다.
➡ $8+2+4=10+4=14$

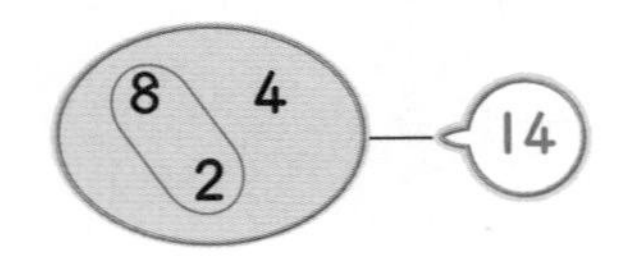

4 (세 사람이 가지고 있는 초콜릿 수)
$=4+6+5=10+5=15$(개)

Jump 2 핵심응용하기 39쪽

핵심 응용 풀이 8, 10, 무, 6, 10, 6, 16, 16
답 16개

확인 1 5 7 ④ ③ ⑥ 9
2 14개 3 예슬

1 합이 13이 되는 세 수를 만들기 전에 합이 10이 되는 두 수를 먼저 찾아봅니다.
합이 10이 되는 두 수는 7과 3 또는 4와 6입니다. 7과 3의 합은 10이지만 나머지 수인 3이 없으므로 먼저 합이 13인 세 수를 만들 수 없습니다.
4와 6의 합은 10이고 10과 3의 합이 13이므로 합이 13이 되는 세 수는 4, 3, 6입니다.

2 사탕의 수를 더해서 10이 되는 사탕은 딸기 맛 사탕과 포도 맛 사탕이므로 $9+1=10$입니다.
딸기 맛 사탕과 포도 맛 사탕의 수의 합에 사과 맛 사탕의 수 4를 더하면 $10+4=14$이므로 봉지에 들어 있는 사탕은 모두 14개입니다.

3 • (예슬이가 가지고 있는 구슬 수)
$=3+8+7=10+8=18$(개)
• (한솔이가 가지고 있는 구슬 수)
$=6+5+5=6+10=16$(개)
따라서 $18>16$이므로 구슬을 더 많이 가지고 있는 사람은 예슬입니다.

Jump 3 왕문제 40쪽~45쪽

1 2
2 1, 2, 3, 4
3 4조각
4 7
5 2가지
6 ㉢, ㉣, ㉡, ㉠
7 2
8 0, 1, 2, 3, 4, 5
9 ▲=10, ●=5, ■=4
10 3마리
11 10
12 8, 2
13 ㊀ 2, 5, 3, 6, 4, 7
14 (1, 6), (2, 5), (3, 4), (4, 3), (5, 2), (6, 1)
15 동민 : 6개, 한솔 : 4개
16 풀이 참조
17 (1) +, −, + (2) −, +, −
18 14

1 • $2+4=$가, 가$=6$
• $2-1=$나, 나$=1$
• $2+3=$다, 다$=5$
• $2+8=$라, 라$=10$
• 라$-$가$=10-6=4$
• 나$+$다$=1+5=6$
따라서 라−가는 나+다보다 $6-4=2$만큼 더 작습니다.

2 $10-1=9$이므로 □$+4$는 9보다 작아야 합니다. 따라서 $1+4=5$, $2+4=6$, $3+4=7$, $4+4=8$, $5+4=9$, ……이므로 □ 안에 들어갈 수 있는 수는 1, 2, 3, 4입니다.

3 부모님께 드리고 남은 피자는 $10-4=6$(조각)입니다. 따라서 6을 두 수로 가른 것 중에서 차가 2인 것은 4와 2 또는 2와 4이므로 효근이는 4조각, 동생은 2조각을 먹어야 합니다.

6	1	2	3	4	5
	5	4	3	2	1

4 10은 5와 5로 가를 수 있으므로 ㉠에 알맞은 수는 5입니다. ㉠+㉡=8, 5+㉡=8 ➡ ㉡=3
3과 7을 모아야 10이 되므로 ㉢에 알맞은 수는 7입니다.

5 주사위 2개를 던져서 나온 눈의 수의 합이 10이 되는 경우는 4와 6, 5와 5이므로 2가지입니다.

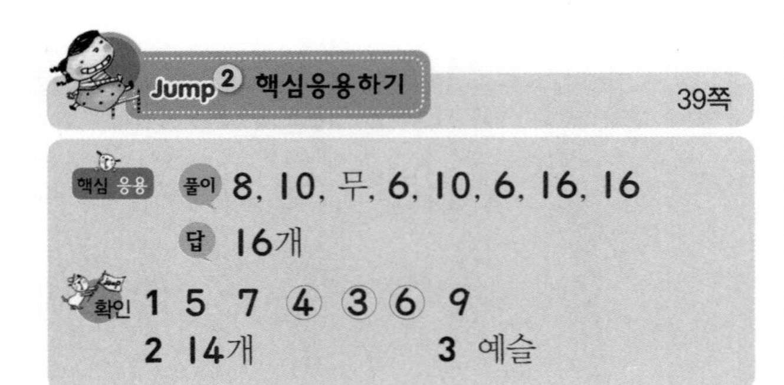

6 ㉠ $2+5+1=7+1=8$
㉡ $8-4+1=4+1=5$
㉢ $6+3-9=9-9=0$
㉣ $7-2-3=5-3=2$
따라서 계산 결과가 가장 작은 것부터 차례대로 쓰면 ㉢, ㉣, ㉡, ㉠입니다.

7 $2+1+1+3=7$, $4+2+1+1=8$과 같이 가운데 있는 수는 바깥쪽에 있는 네 수의 합입니다.
따라서 빈 곳에 알맞은 수를 □라고 하면
$3+4+0+\square=9$, $7+\square=9$ ➡ $9-7=\square$, $\square=2$입니다.

8 $5+\square-2=9$에서 $9-5+2=\square$, $4+2=\square$, $\square=6$
따라서 □ 안에는 6보다 작은 수가 들어갈 수 있으므로 0, 1, 2, 3, 4, 5입니다.

9 $▲-3=7$ ➡ $▲=7+3=10$,
$●+5=▲$ ➡ $●=10-5=5$,
$▲-●=■+1$ ➡ $10-5=■+1$, $5=■+1$,
$■=5-1=4$

10 강아지 1마리의 다리는 4개이므로 닭의 다리는 모두 $10-4=6$(개)입니다.
따라서 닭 1마리의 다리는 2개이고 $2+2+2=6$이므로 농장에 있는 닭은 3마리입니다.

11 ㉮는 ㉯보다 10만큼 더 작은 수이고 ㉯는 ㉮보다 10만큼 더 큰 수입니다.

12

큰 수	10	9	8	7	6
작은 수	0	1	2	3	4

따라서 큰 수는 8이고 작은 수는 2입니다.

13 가운데 수가 1이므로 양쪽의 두 수를 더해서 9가 되도록 빈 곳에 알맞은 수를 써넣습니다.

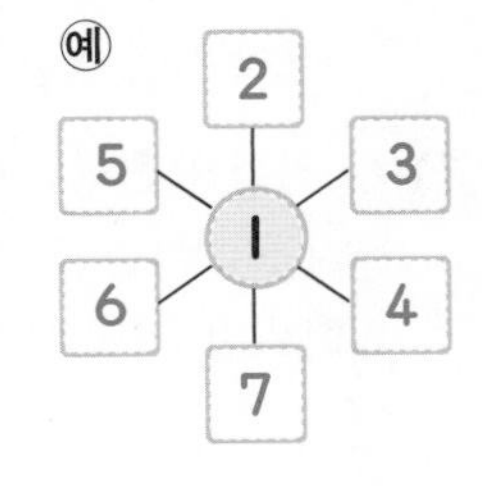

14 가와 나에 들어갈 수 있는 수의 합이 $10-3=7$이 되어야 합니다.
(가, 나) ➡ (1, 6), (2, 5), (3, 4), (4, 3), (5, 2), (6, 1)

15 동민이와 한솔이는 10개의 풍선을 똑같이 나누어 가졌으므로 풍선을 각각 5개씩 가지고 있고 동민이는 2번 이기고 한솔이는 1번 이겼습니다.
따라서 동민이는 풍선을 2개 받고 1개 주었으므로 $5+2-1=6$(개)의 풍선을 가지고 있고, 한솔이는 풍선을 1개 받고 2개 주었으므로
$5+1-2=4$(개)의 풍선을 가지고 있습니다.

16 아래의 두 수의 합을 구해 바로 위에 적는 규칙입니다.

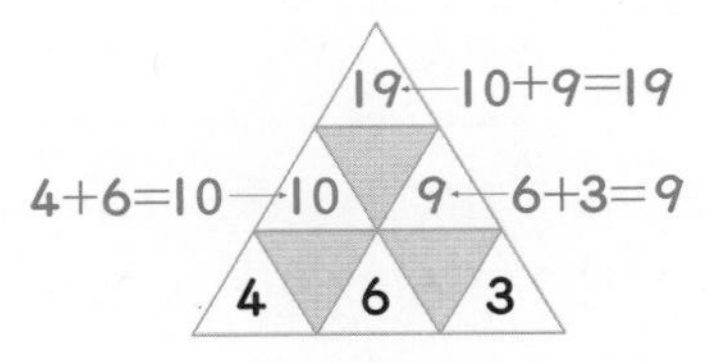

18 두 수의 합에 두 수 중 작은 수를 더하는 규칙입니다. $3+4+3=10$, $5+2+2=9$,
$7+1+1=9$
따라서 $4★6=4+6+4=14$입니다.

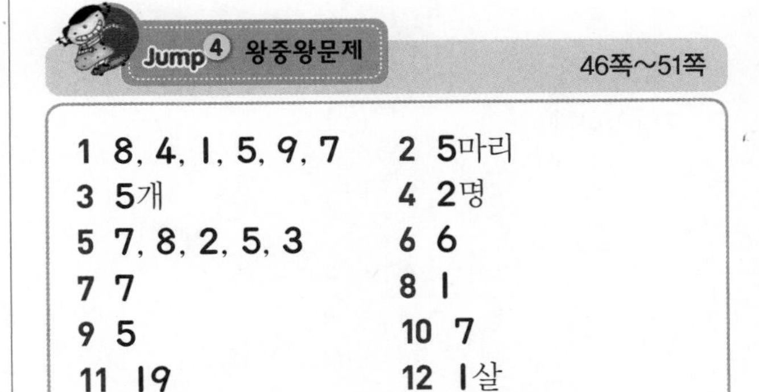

1 8, 4, 1, 5, 9, 7
2 5마리
3 5개
4 2명
5 7, 8, 2, 5, 3
6 6
7 7
8 1
9 5
10 7
11 19
12 1살
13 19
14 45
15 8가지
16 12
17 6
18 3

1 $6+㉠+2=15$ ➡ $15-8=㉠$, $㉠=7$
$3+㉡+7=15$ ➡ $15-10=㉡$, $㉡=5$
세로로 첫째 줄에 들어갈 수 있는 나머지 두 수의 합은 $15-6=9$이고, 세로로 셋째 줄에 들어갈 수 있는 나머지 두 수의 합은 $15-2=13$입니다.
1부터 9까지의 수 중에서 사용하지 않은 수는 1, 4, 8, 9이므로 합이 9가 되는 두 수는 1, 8이고, 합이 13이 되는 두 수는 4, 9입니다.

가로로 첫째 줄에 들어갈 두 수의 합이 15−3=12이므로 8과 4가 들어가야 하고 가로로 둘째 줄에 들어갈 두 수의 합이 15−5=10이므로 1과 9가 들어가야 합니다.

8	3	4
1	㉡5	9
6	㉠7	2

2 기린, 코끼리, 얼룩말이 모두 10마리이고 기린과 코끼리를 모으면 6마리이므로 얼룩말은 4마리입니다.
또, 코끼리와 얼룩말을 모으면 9마리이므로 코끼리는 5마리, 기린은 1마리입니다.
따라서 1과 4를 모으면 5이므로 기린과 얼룩말을 모으면 모두 5마리입니다.

3 (●) (●●●●) (●●●●●)
한초 용희 영수
따라서 영수가 가진 구슬은 5개입니다.

4
- 축구 : ⚽⚽⚽⚽
- 야구 : ⚾⚾⚾⚾⚾⚾

따라서 축구도 좋아하고 야구도 좋아하는 학생은 2명입니다.

5

9	−	㉠	+	4	=	6
−		−		−		
㉡	−	6	+	㉢	=	4
+		+		+		
㉣	−	㉤	+	1	=	3
=		=		=		
6		4		3		

- 9−㉠+4=6 ➡ 9−㉠=2, ㉠=9−2=7
- 4−㉢+1=3 ➡ 4−㉢=2, ㉢=4−2=2
- 7−6+㉤=4, 1+㉤=4
 ➡ 4−1=㉤, ㉤=3
- ㉣−3+1=3 ➡ ㉣−3=2, ㉣=2+3=5
- ㉡−6+2=4 ➡ ㉡−6=2, ㉡=2+6=8

6 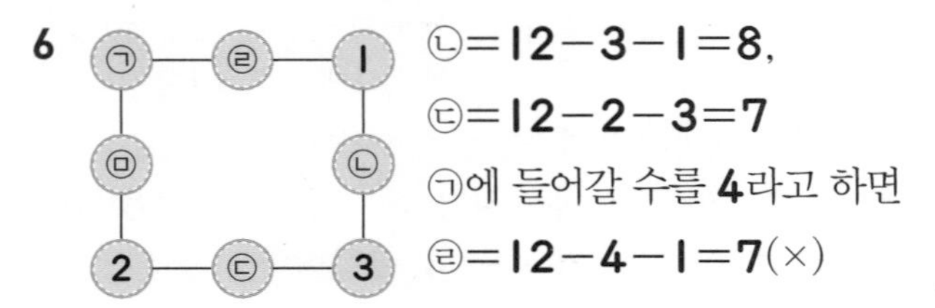

㉡=12−3−1=8,
㉢=12−2−3=7
㉠에 들어갈 수를 4라고 하면
㉣=12−4−1=7(×)
㉠에 들어갈 수를 5라고 하면
㉤=12−5−2=5(×)
따라서 ㉠에 들어갈 수는 6이고, 이때
㉣=12−6−1=5, ㉤=12−6−2=4입니다.

7 첫 번째 식에서 ●=2이므로
2+2+2=★, ★=6입니다.
두 번째 식에서 ●=2, ★=6이므로
6+▲−2=5, 6+▲=7, ▲=1
세 번째 식에서 ●=2, ★=6, ▲=1이므로
6−1+2=♥, ♥=7

8
- 4+㉠+★=㉠+★+㉡이므로 ㉡=4입니다.
- ㉠+★+㉡=★+㉡+㉢이므로 ㉠=㉢입니다.
- ㉢+㉣+㉤=㉣+㉤+5이므로 ㉢=5입니다.

따라서 ㉠=㉢=5이므로 4+5+★=10에서 ★=1입니다.

9 10−2+□=8+□, 3+2+7=12에서
8+□>12
➡ □ 안에 들어갈 수 중에서 가장 작은 수는 5입니다.

10
- 가장 큰 수가 들어가는 곳은 ㉢이므로 ㉢=9입니다.
- ㉠+㉡=9이므로 ㉠과 ㉡은 1과 8 또는 2와 7입니다.
- ㉠과 ㉡이 2와 7일 때 2, 7, 9를 제외한 수 중에서 ㉣+㉤+㉥=9인 경우는 없으므로 ㉠과 ㉡은 1과 8입니다.
- ㉣+㉤+㉥=2+3+4이고 ㉮는 7개의 수 중 남은 수인 7입니다.

11 두 사람의 3회까지의 점수의 합이 같으므로
㉠+㉡=10입니다.
4회까지 과녁 맞히기를 했을 때에도 승리가 나지 않고 5회에 승리가 났으므로
㉢=7, ㉣=4−2=2입니다.
따라서 ㉠+㉡+㉢+㉣=10+7+2=19입니다.

12 (예나의 나이)+(수빈의 나이)+(유승의 나이)
=14(살)
예나는 4살이므로
(수빈의 나이)+(유승의 나이)=10(살)입니다.

(수빈의 나이)+(효심의 나이)=9(살)이고
(효심의 나이)=(수빈의 나이)+1이므로 수빈이는 4살, 효심이는 5살입니다.
유승이는 10−4=6(살)이므로 유승이는 효심이보다 6−5=1(살) 더 많습니다.

13 • 민석 : □+3+4=20에서 □=13이므로 바르게 계산하면 13−3−4=6입니다.
➡ ㉠=6
• 지혜 : △+8+6=18에서 △=4이므로 바르게 계산하면 4+3+6=13입니다.
➡ ㉡=13

➡ ㉠+㉡=6+13=19

14 (㉠+㉡+㉢)+(㉡+㉣+㉤)
=(㉠+㉡+㉡+㉢+㉣+㉤)
=15+14=29
㉠+㉡+㉢+㉣+㉤=3+4+5+6+7=25
이므로 ㉡=29−25=4입니다.
㉡+㉣+㉤=14에서 ㉣+㉤=10, (㉣, ㉤)은 (3, 7)이므로 (㉠, ㉢)은 (5, 6)입니다.
따라서 ㉠은 5 또는 6이고 ㉡은 4이므로 ㉠과 ㉡을 사용하여 만들 수 있는 가장 작은 몇십몇은 45입니다.

15 두 장을 뽑는 경우는 1+9=10, 2+8=10, 3+7=10, 4+6=10 ➡ 4가지
세 장을 뽑는 경우는 1+2+7=10, 1+3+6=10, 1+4+5=10, 2+3+5=10
➡ 4가지
➡ 4+4=8(가지)

16 두 수의 합이 9가 되는 경우는 3+6=9 또는 4+5=9입니다. 현준이가 3과 6을 뽑았을 때, 1, 2, 4, 5를 이용하여 은지가 만들 수 있는 합이 가장 작은 식은 1+2=3이고 합이 가장 큰 식은 4+5=9입니다. 현준이가 4와 5를 뽑았을 때, 1, 2, 3, 6을 이용하여 은지가 만들 수 있는 합이 가장 작은 식은 1+2=3이고 합이 가장 큰 식은 3+6=9입니다.
따라서 3+9=12입니다.

17
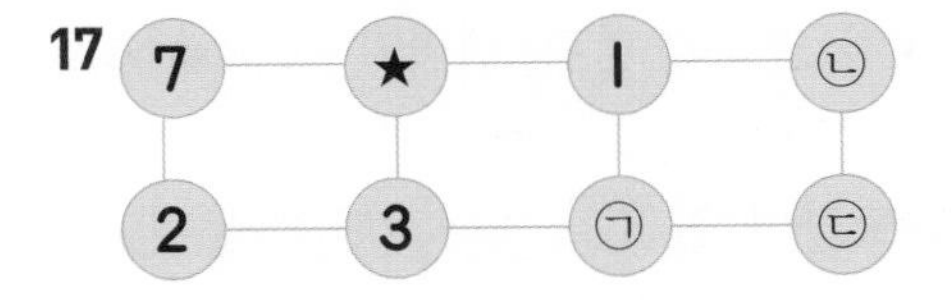

• 7+2+3+★=★+3+1+㉠에서
12+★=★+4+㉠이므로 ㉠=8입니다.
• ★+3+8+1=1+8+㉡+㉢에서
★+12=9+㉡+㉢, ★+3=㉡+㉢이고
1부터 8까지 사용하지 않은 수는 4, 5, 6이므로 ★+3=㉡+㉢을 만족하는 경우는
6+3 =4+5로 ★에 알맞은 수는 6입니다.

18
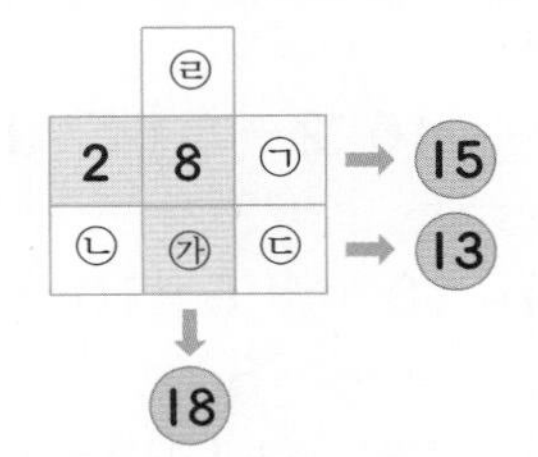

2+8+㉠=15에서 ㉠=5입니다.
• ㉣=3일 때 3+8+㉮=18에서 ㉮=7이고, 이때 ㉡+7+㉢=13에서 ㉡+㉢=6이 되는 경우는 없습니다.
• ㉣=4일 때 4+8+㉮=18에서 ㉮=6이고, 이때 ㉡+6+㉢=13에서 ㉡+㉢=7이 되는 경우는 없습니다.
• ㉣=6일 때 6+8+㉮=18에서 ㉮=4이고, 이때 ㉡+4+㉢=13에서 ㉡+㉢=9가 되는 경우는 없습니다.
• ㉣=7일 때 7+8+㉮=18에서 ㉮=3이고, 이때 ㉡+3+㉢=13에서 ㉡+㉢=10이 되는 경우는 (㉡, ㉢)이 (4, 6)이거나 (6, 4)일 때이므로 ㉮=3입니다.

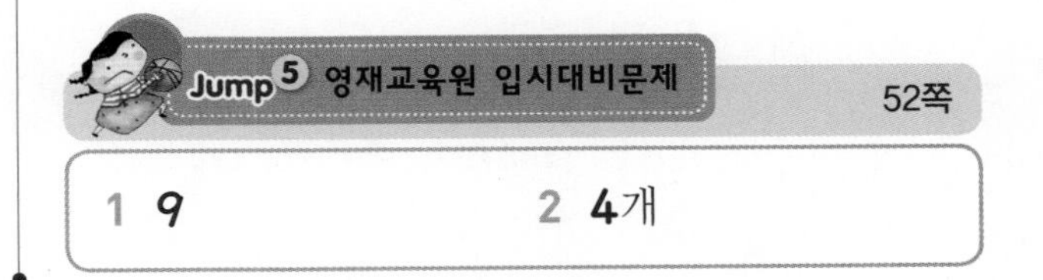

1 9　　2 4개

1

㉠	㉡	1
㉢	1	4
2	㉣	㉤

1+4+㉤=10, 5+㉤=10
➡ 10−5=㉤, ㉤=5
2+㉣+㉤=10, 2+㉣+5=10, 7+㉣=10
➡ 10−7=㉣, ㉣=3
㉢+1+4=10, ㉢+5=10
➡ 10−5=㉢, ㉢=5
㉡+1+㉣=10, ㉡+1+3=10, ㉡+4=10
➡ 10−4=㉡, ㉡=6
㉠+㉡+1=10, ㉠+6+1=10, ㉠+7=10
➡ 10−7=㉠, ㉠=3
2번 쓰이는 수는 **1**, **3**, **5**이므로 **1+3+5=9**입니다.

2 ㉠−㉡+㉢=㉣에서 ㉠−㉡이 될 수 있는 경우
➡ 5−4=1, 5−3=2, 5−2=3, 4−3=1, 4−2=2, 3−2=1
남은 두 수 중에서 하나의 수를 더해 다른 수가 나오는 경우는 **5−4+2=3**, **5−3+2=4**, **4−2+3=5**, **3−2+4=5**입니다.

3 모양과 시각

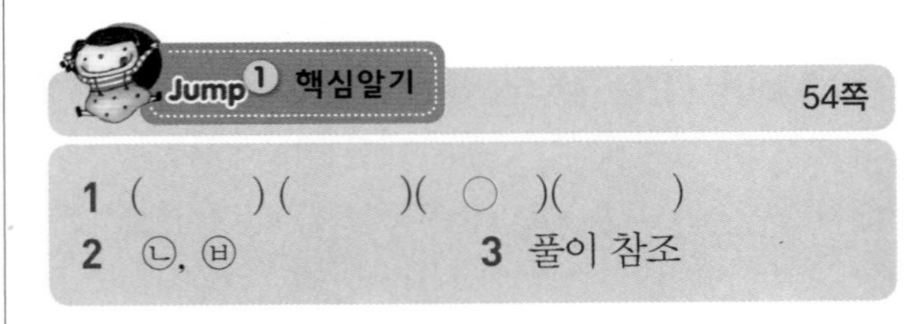

Jump① 핵심알기 54쪽

1 (　)(　)(○)(　)
2 ㉡, ㉥　　3 풀이 참조

1 자동차 바퀴, 동전, 접시는 ○ 모양이고, 삼각자는 △ 모양입니다.

2 • □ 모양 : ㉡, ㉥
• △ 모양 : ㉠, ㉣
• ○ 모양 : ㉢, ㉤

3

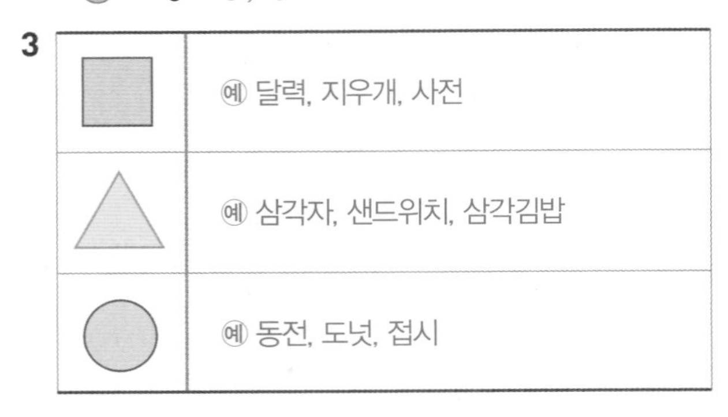

□	예 달력, 지우개, 사전
△	예 삼각자, 샌드위치, 삼각김밥
○	예 동전, 도넛, 접시

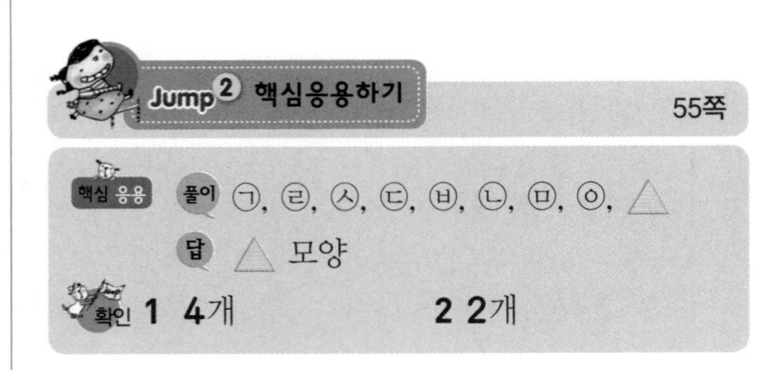

Jump② 핵심응용하기 55쪽

핵심 응용 풀이 ㉠, ㉣, ㉦, ㉢, ㉥, ㉡, ㉤, ㉧, △
답 △ 모양
확인 1 **4**개　　2 **2**개

1 □ 모양의 물건은 칠판, 달력, 휴대전화, 액자로 모두 **4**개입니다.

2 ○ 모양 : 피자, 자동차 바퀴, 탬버린, 단추 ➡ **4**개
△ 모양 : 삼각자, 샌드위치 ➡ **2**개
따라서 ○ 모양의 물건은 △ 모양의 물건보다 **4−2=2**(개) 더 많습니다.

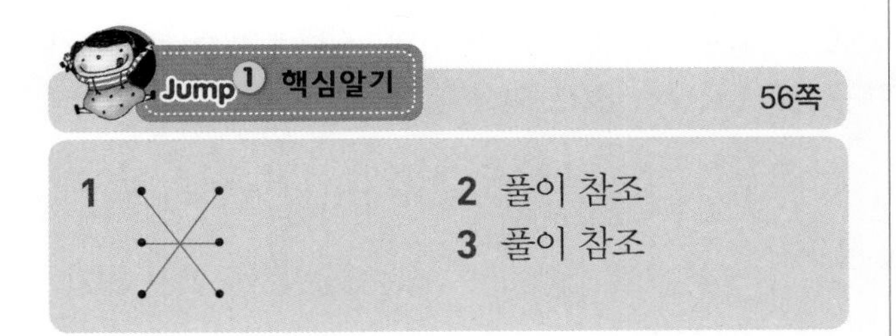

Jump 1 핵심알기 56쪽

1 (그림)　2 풀이 참조　3 풀이 참조

2 같은 위치에 있는 점을 찾아 반듯한 선으로 잇습니다.

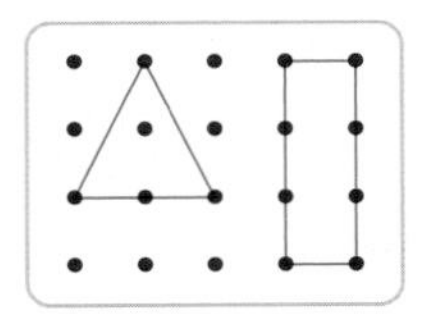

3 왼쪽 모양은 △ 모양이므로 △ 모양과 같은 모양을 모두 찾아 색칠합니다.

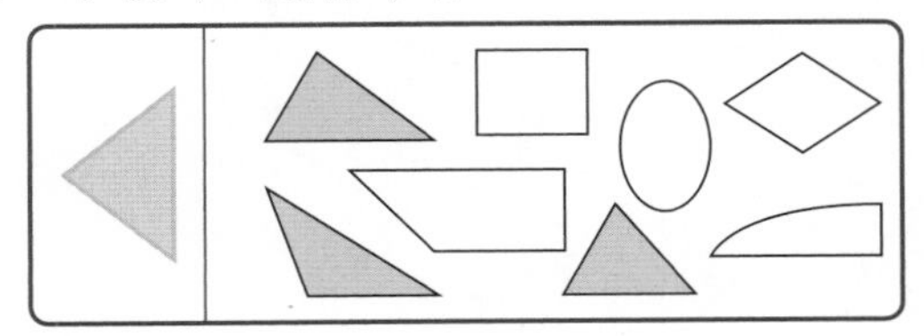

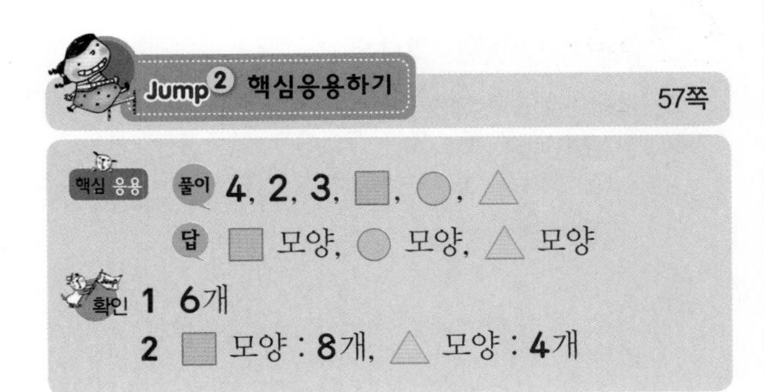

Jump 2 핵심응용하기 57쪽

핵심 응용 풀이 4, 2, 3, □, ○, △

답 □ 모양, ○ 모양, △ 모양

확인 1 6개

2 □ 모양 : 8개, △ 모양 : 4개

1

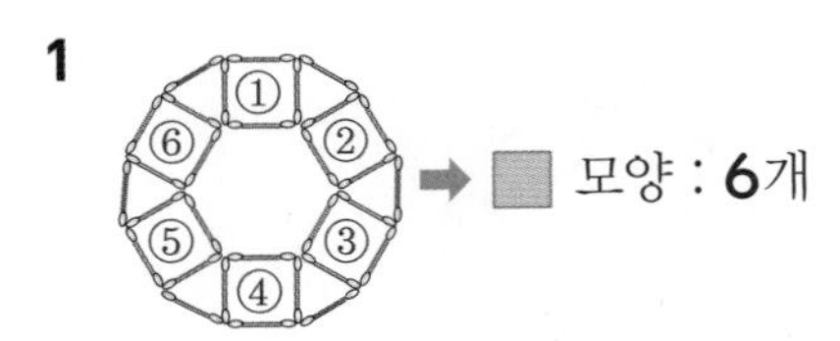

2 □ 모양은 8개, △ 모양은 4개 만들어집니다.

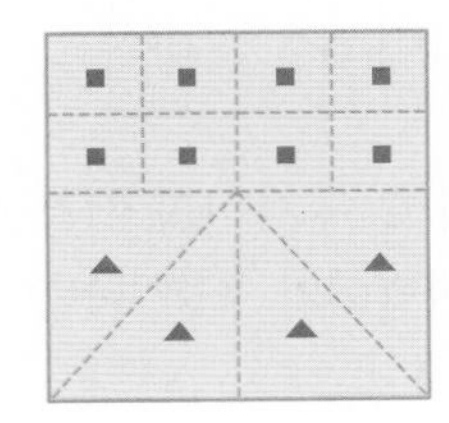

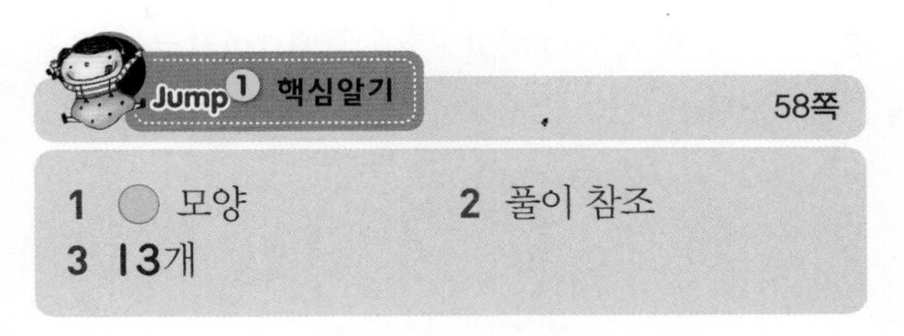

Jump 1 핵심알기 58쪽

1 ○ 모양　2 풀이 참조

3 13개

1 △ 모양 : 2개, □ 모양 : 1개, ○ 모양 : 5개

2 □ 모양은 빨간색, △ 모양은 파란색, ○ 모양은 노란색으로 칠합니다.

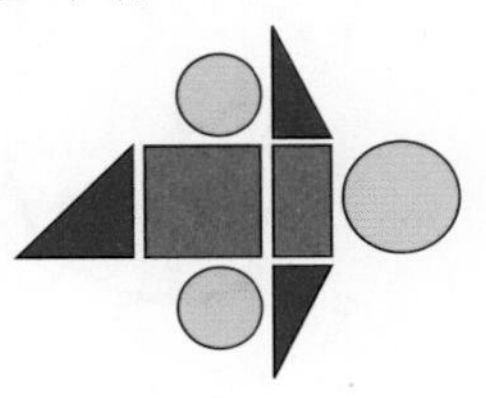

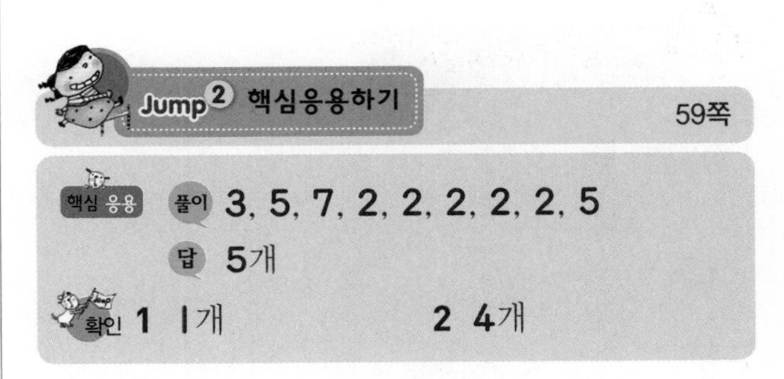

Jump 2 핵심응용하기 59쪽

핵심 응용 풀이 3, 5, 7, 2, 2, 2, 2, 2, 5

답 5개

확인 1 1개　2 4개

1 △ 모양 : 6개, ○ 모양 : 5개

따라서 △ 모양은 ○ 모양보다 6−5=1(개) 더 많습니다.

2

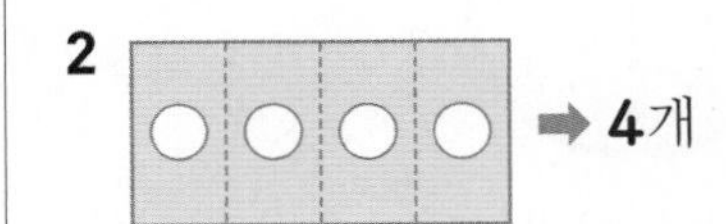

Jump 1 핵심알기 60쪽

1 (1) 5　(2) 11　2 풀이 참조

3 3, 12

1 (1) 짧은바늘이 5를 가리키고 긴바늘이 12를 가리키므로 5시입니다.

(2) 짧은바늘이 11을 가리키고 긴바늘이 12를 가리키므로 11시입니다.

2 (1) ':'의 앞에는 **1**이고 뒤에는 **00**이므로 **1**시입니다.

(2) ':'의 앞에는 **10**이고 뒤에는 **00**이므로 **10**시입니다.

61쪽

핵심 응용 풀이 **12, 2, 3, 1, 4,** ㉢, ㉠, ㉡, ㉣

답 ㉢, ㉠, ㉡, ㉣

확인 **1** 풀이 참조 **2** **4**시

1 왼쪽 시계는 **5**시이므로 **5**시보다 **1**시간 늦은 시각은 **6**시입니다.

2 긴바늘이 **1**바퀴를 돌면 짧은바늘은 숫자가 쓰인 큰 눈금 **1**칸을 움직입니다.
따라서 짧은바늘이 **3**에서 숫자가 쓰인 큰 눈금 **1**칸을 움직이면 **4**를 가리키므로 **4**시를 나타냅니다.

62쪽

1 (1) **9, 30** (2) **1, 30**
2 (1) 풀이 참조 (2) 풀이 참조
3 **12, 1, 6**

1 (1) 짧은바늘이 **9**와 **10** 사이, 긴바늘이 **6**을 가리키므로 **9**시 **30**분입니다.
(2) 짧은바늘이 **1**과 **2** 사이, 긴바늘이 **6**을 가리키므로 **1**시 **30**분입니다.

2 (1) ':'의 앞에는 **3**이고 뒤에는 **30**이므로 **3**시 **30**분입니다.

(2) ':'의 앞에는 **8**이고 뒤에는 **30**이므로 **8**시 **30**분입니다.

63쪽

핵심 응용 풀이 **30, 5, 30, 7, 30, 4, 30,** 예슬, 지혜, 영수

답 예슬, 지혜, 영수

확인 **1** 풀이 참조 **2** **8**시 **30**분

1 왼쪽 시계가 나타내는 시각은 **11**시이므로 **11**시보다 **30**분 빠른 시각은 **10**시 **30**분입니다.

2 시계의 긴바늘이 **6**을 가리키고 있으므로 몇 시 **30**분입니다.
따라서 **7**시와 **9**시 사이의 시각이고 **8**시보다 늦은 시각이므로 한별이가 동화책을 읽기 시작한 시각은 **8**시 **30**분입니다.

64쪽~69쪽

1 5개	2 6개
3 8개	4 풀이 참조
5 3개	6 △ 모양
7 2개	8 10개
9 20개	10 12개
11 9시 30분, 10시 30분, 11시 30분	
12 동민	13 9시
14 1시 30분	15 1시
16 10바퀴	17 3바퀴
18 7시 30분	

1 △ 모양 : 8개, ■ 모양 : 3개
따라서 $8-3=5$(개) 더 많습니다.

2 ■ 모양 : 6개, △ 모양 : 12개, ● 모양 : 9개
따라서 가장 많은 △ 모양은 가장 적은 ■ 모양보다 6개 더 많습니다.

3 예 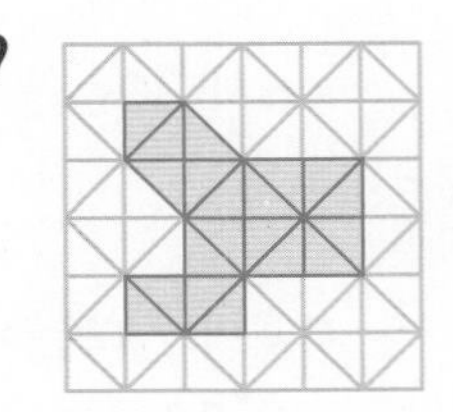

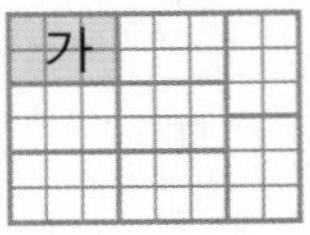

왼쪽 그림과 같이 자르면 가 모양과 크기가 같은 ■ 모양을 8개까지 만들 수 있습니다.

4 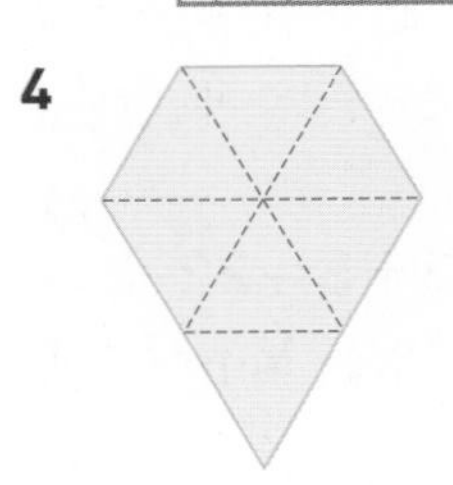

5 주어진 모양을 만드는 데 ■ 모양은 5개, △ 모양은 7개, ● 모양은 14개 있어야 합니다. 유승이는 ■ 모양은 $5+3=8$(개), △ 모양은 $7+4=11$(개), ● 모양은 $14-5=9$(개)를 가지고 있으므로 가장 많은 모양과 가장 적은 모양의 개수의 차는 $11-8=3$(개)입니다.

6 가장 위에 있는 모양부터 차례대로 쓰면 ■ 모양, △ 모양, ● 모양, ■ 모양, △ 모양입니다.
따라서 가장 아래에 있는 모양은 △ 모양입니다.

7 ■ 모양 : 7개, △ 모양 : 8개, ● 모양 : 6개
따라서 가장 많이 사용한 모양은 △ 모양이므로 가장 적게 사용한 ● 모양보다 $8-6=2$(개) 더 많습니다.

8 오른쪽 그림과 같이 주어진 모양 조각으로 똑같이 나누어 보면 사용한 색종이 모양 조각은 모두 10개입니다. 예

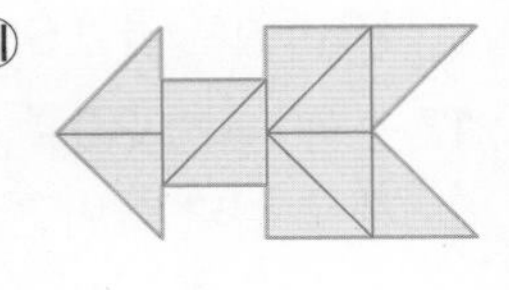

9 ➡ 20개

10 • 면봉 3개로 만든 △ 모양 : 10개
• 면봉 9개로 만든 △ 모양 : 2개
따라서 찾을 수 있는 크고 작은 △ 모양은 모두 12개입니다.

11 긴바늘이 6을 가리키므로 '몇 시 30분'이고, 9시와 12시 사이의 시각이면 짧은바늘이 9와 12 사이를 가리키므로 9시 30분, 10시 30분, 11시 30분입니다.

12 동민이가 운동을 마친 시각은 5시 30분이고 웅이가 운동을 마친 시각은 5시입니다.
따라서 더 늦은 시각까지 운동을 한 사람은 동민입니다.

13 신영이가 잠자리에 든 시각 : 9시 30분
규형이는 신영이보다 30분 늦게 잠자리에 들기 때문에 10시, 가영이는 규형이보다 1시간 빨리 잠자리에 들기 때문에 9시에 각각 잠자리에 듭니다.
따라서 가영이가 잠자리에 드는 시각은 9시입니다.

14 4시 30분에서 시계의 긴바늘을 시계가 돌아가는 반대 방향으로 2바퀴 돌리면 2시 30분이고, 다시 같은 방향으로 1바퀴 돌리면 1시 30분입니다.
따라서 예슬이가 책을 읽기 시작한 시각은 1시 30분입니다.

15 시계의 짧은바늘이 11과 12 사이, 긴바늘이 6을 가리키고 있으므로 11시 30분입니다.
따라서 11시 30분에서 긴바늘이 한 바퀴 반을 더 돌면 1시입니다.

16 모형 시계를 9시에 맞춘 후 7시가 될 때까지 시계가 돌아가는 방향으로 시계의 긴바늘을 1바퀴씩 돌리면 10바퀴를 돌려야 합니다.

따라서 지혜가 잠을 자는 동안 시계의 긴바늘은 10바퀴를 돌았습니다.

17 용희 : **4**시 **30**분, 가영 : **7**시 **30**분, 규형 : **6**시
가장 일찍 돌아온 친구는 용희로 **4**시 **30**분이고, 가장 늦게 돌아온 친구는 가영이로 **7**시 **30**분입니다.
4시 **30**분 $\xrightarrow{1바퀴}$ **5**시 **30**분 $\xrightarrow{1바퀴}$ **6**시 **30**분 $\xrightarrow{1바퀴}$ **7**시 **30**분 ➡ **3**바퀴

18 **5**시와 **8**시 사이에 있는 시각 중 시계의 긴바늘이 **6**을 가리키는 시각은 **5**시 **30**분, **6**시 **30**분, **7**시 **30**분입니다. 이 중에서 시계의 짧은바늘이 **5**보다 **8**에 더 가까운 시각은 **7**시 **30**분입니다.

Jump④ 왕중왕문제 70쪽~75쪽

1 ㉣	2 ▇ 모양, 5개
3 12개	4 풀이 참조
5 풀이 참조	6 가와 사, 다와 바
7 7개	8 9개
9 10개	10 4개
11 17개	12 나
13 6시 30분	
14 긴바늘 : 12, 짧은바늘 : 10	
15 3시 30분	16 3바퀴
17 11시	18 10시 30분

1  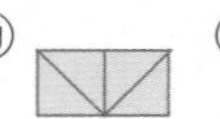  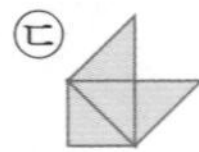 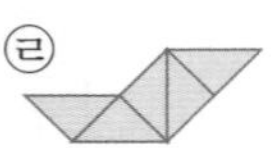
㉠, ㉡, ㉢은 모두 **4**개의 ▲ 모양으로 만들 수 있는데 ㉣은 ▲ 모양 **5**개가 필요하므로 만들 수 없는 모양은 ㉣입니다.

2 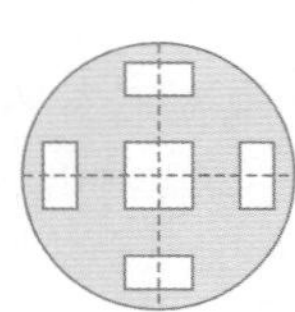
종이를 **2**번 접은 후 점선을 따라 자르면 왼쪽 그림과 같은 모양이 나옵니다.
따라서 ▇ 모양이 **5**개 만들어집니다.

3 ▢ : **2**개, ▭ : **3**개, ▢▢ : **1**개,
▭▭ : **1**개, ▭▭ : **1**개, ▭ : **1**개,
▢▢▢ : **1**개, ▢ : **1**개,
▢▢ : **1**개
따라서 찾을 수 있는 크고 작은 ▇ 모양은 모두 **12**개입니다.

4 예
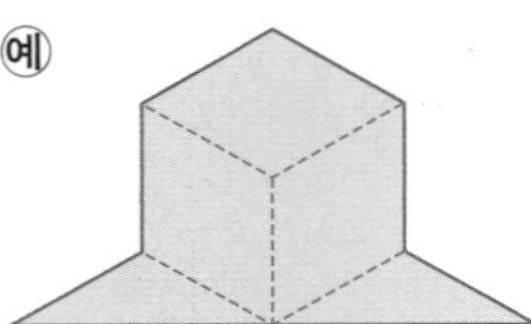

5 바로 앞의 그림의 가장 안쪽에 있는 모양이 다음 그림에서 바깥쪽으로 나오도록 그립니다.
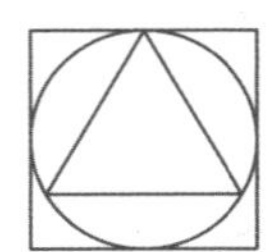

6
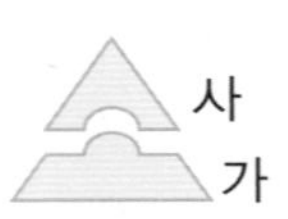

7 면봉 **4**개로 ▇ 모양 **1**개, 면봉 **7**개로 ▇ 모양 **2**개, 면봉 **10**개로 ▇ 모양 **3**개, ……를 만들 수 있으므로 ▇ 모양이 한 개씩 늘어날수록 면봉은 **3**개씩 더 놓입니다.
따라서 $4+3+3+3+3+3+3=22$이므로 면봉 **22**개를 늘어놓으면 ▇ 모양은 모두 **7**개 생깁니다.

8
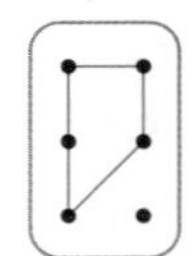 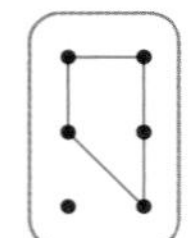 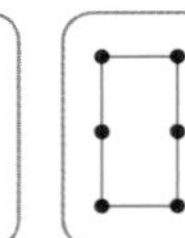 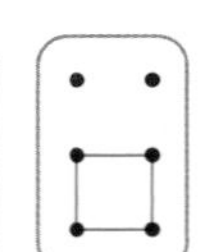
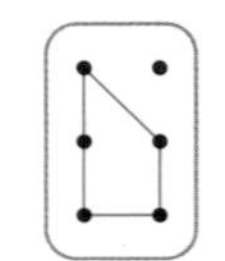 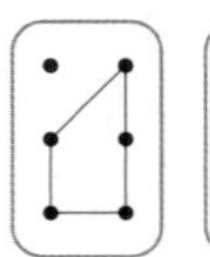 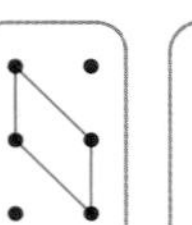 
따라서 그릴 수 있는 ▇ 모양은 모두 **9**개입니다.

9 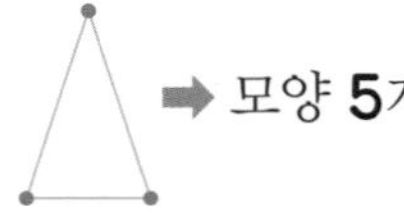 ➡ 모양 **5**개 ➡ 모양 **5**개
따라서 모두 $5+5=10$(개)입니다.

10 예

	■	■	■
		■	
	■		
■	■	■	

➡ 4개

11

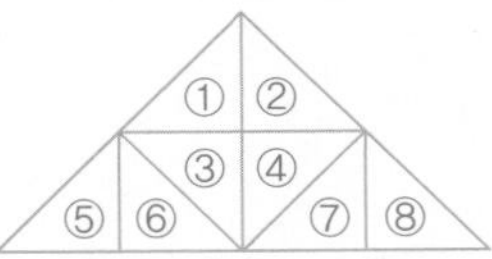

- 2칸짜리 : ③+⑥, ④+⑦ ➡ 2개
- 3칸짜리 : ①+③+⑥, ⑤+⑥+③, ②+④+⑦, ④+⑦+⑧, ④+③+⑥, ③+④+⑦ ➡ 6(개)
- 4칸짜리 : ①+②+③+④, ③+④+⑤+⑥, ③+④+⑥+⑦, ③+④+⑦+⑧ ➡ 4(개)
- 5칸짜리 : ③+④+⑤+⑥+⑦, ③+④+⑥+⑦+⑧ ➡ 2(개)
- 6칸짜리 : ③+④+⑤+⑥+⑦+⑧, ①+②+③+④+⑤+⑥, ①+②+③+④+⑦+⑧ ➡ 3(개)

따라서 2+6+4+2+3=17(개)입니다.

12 가 : 5시, 나 : 6시 30분, 다 : 7시 30분, 라 : 7시
따라서 6시에 가장 가까운 시각을 나타내는 시계는 나입니다.

13 웅이가 숙제를 마친 시각은 3시 30분이고 효근이가 숙제를 마친 시각은 4시 30분입니다.
따라서 예슬이가 숙제를 마친 시각은 효근이가 숙제를 마친 시각보다 시계의 긴바늘이 2바퀴 더 돌았으므로 6시 30분입니다.

14 시계가 나타내는 시각은 7시 30분입니다.
7시 30분에서 긴바늘이 2바퀴를 돌면 9시 30분이고, 9시 30분에서 반 바퀴를 더 돌면 10시입니다. 따라서 10시는 시계의 긴바늘이 12, 짧은바늘이 10을 가리킵니다.

15 영수가 집에 12시 30분에 들어갔고 시각에 따라 종이 울린 횟수는 다음과 같습니다.
1시 → 1번, 2시 → 2번, 3시 → 3번
➡ 1+2+3=6(번)
따라서 영수가 집에서 나온 시각은 3시와 4시 사이이고 긴바늘이 6을 가리키므로 3시 30분입니다.

16 시계의 긴바늘이 한 바퀴 돌면 1시간이 되므로 36바퀴를 돌면 36시간입니다. 시계의 짧은바늘이 한 바퀴 돌면 12시간이므로 36시간은 짧은바늘이 3바퀴 돌아야 합니다.

17 안방 시계 : 2시
정확한 시계 : 12시
거실 시계 : 11시
(안방 시계와 정확한 시계: 2시간 차이, 정확한 시계와 거실 시계: 1시간 차이)

18 1층과 3층 사이의 계단은 1층과 2층 사이, 2층과 3층 사이의 계단 두 군데가 있습니다.
따라서 두 군데의 계단을 청소하는 데 30분이 걸립니다. 8층과 지하 3층 사이의 계단 구간 수와 청소 시간을 알아보면 다음과 같습니다.

층 : 8 7 6 5 4 3 2 1 지하 1 지하 2 지하 3
계단 구간 수 : (1 1) (1 1) (1 1) (1 1) (1 1)
청소 시간 : 30분 30분 30분 30분 30분

위에서 보면 계단 구간은 전체 10군데이고, 청소 시간은 30분씩 5번 있으므로 2시간 30분이 걸립니다. 따라서 청소를 마쳤을 때의 시각은 10시 30분입니다.

1 풀이 참조	2 풀이 참조

1

㉠ ○	△	□
㉡ △	㉢ □	㉣ ○
㉤ □	○	㉥ △

- 첫째 가로줄에는 △, □ 모양이 있으므로 ㉠에 들어갈 모양은 ○ 모양입니다.
- 둘째 세로줄에는 △, ○ 모양이 있으므로 ㉢에 들어갈 모양은 □ 모양입니다.

- ㉥에 들어갈 모양은 셋째 가로줄을 생각하면 ■, ▲가 들어갈 수 있는데, 셋째 세로줄에 ■가 있으므로 ▲입니다.
- 셋째 가로줄에는 ●, ▲ 모양이 있으므로 ㉤에 들어갈 모양은 ■ 모양입니다.
- 첫째 세로줄에는 ●, ■ 모양이 있으므로 ㉡에 들어갈 모양은 ▲ 모양입니다.
- 셋째 세로줄에는 ■, ▲ 모양이 있으므로 ㉣에 들어갈 모양은 ● 모양입니다.

2 오른쪽 그림과 같은 방법으로 모형 시계를 6조각으로 나누면 각 조각에 있는 숫자들의 합은 $12+1=13$, $11+2=13$, $10+3=13$, $9+4=13$, $8+5=13$, $7+6=13$으로 모두 같습니다.

4 덧셈과 뺄셈(2)

Jump① 핵심알기 78쪽

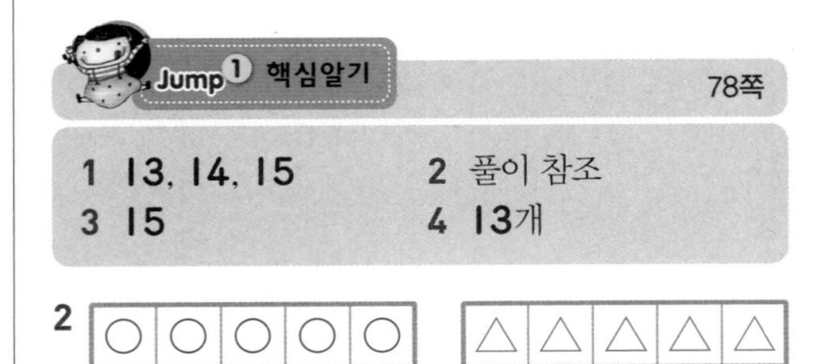

1 13, 14, 15
2 풀이 참조
3 15
4 13개

2

○	○	○	○	○
○	○	○	○	△

△	△	△	△	△

4 $7+6=13$(개)

Jump② 핵심응용하기 79쪽

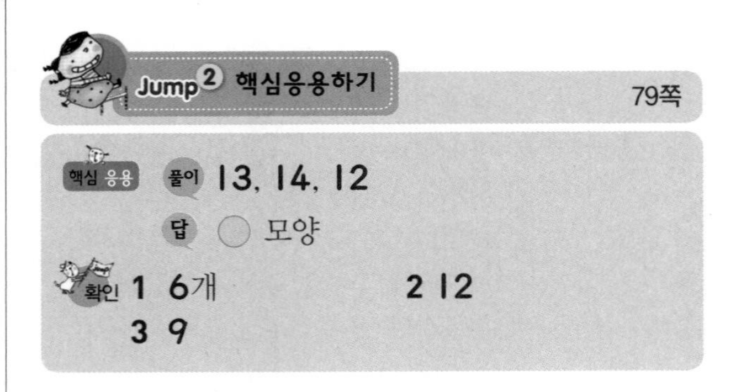

핵심 응용 풀이 13, 14, 12
답 ○ 모양
확인 1 6개
2 12
3 9

1 7과 9를 모으면 16이고 16은 10과 6으로 가를 수 있으므로 남게 되는 사탕은 6개입니다.

2

8과 3을 모으면 11이므로 ㉠=3, 19는 10과 9로 가를 수 있으므로 ㉡=9입니다. 두 수의 합은 $3+9=12$입니다.

3 ㉠과 8을 모아 15가 되므로 ㉠=7, 6과 ㉡을 모아 15가 되므로 ㉡=9, ㉢과 7을 모아 15가 되므로 ㉢=8입니다. 따라서 가장 큰 수는 9입니다.

Jump① 핵심알기 80쪽

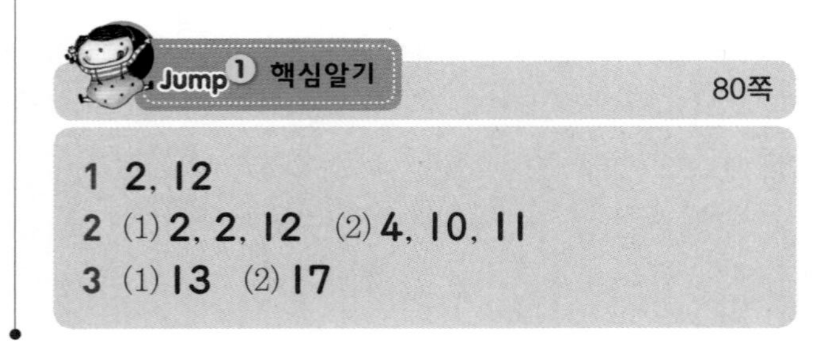

1 2, 12
2 (1) 2, 2, 12 (2) 4, 10, 11
3 (1) 13 (2) 17

1 4는 2와 2로 가를 수 있습니다. 빨간색 우산 8개와 파란색 우산 2개를 더하면 10개이고 나머지 파란색 우산 2개가 더 있으므로 우산은 모두 12개입니다.

➡ $8+4=8+2+2=10+2=12$

2 (1) 9에 1을 더하면 10이 되므로 3을 1과 2로 가르기 하여 계산합니다.

(2) 6에 4를 더하면 10이 되므로 5를 1과 4로 가르기 하여 계산합니다.

3 두 수 중에서 큰 수가 10이 되도록 작은 수를 두 수로 가릅니다.

(1) $7+6=7+3+3=10+3=13$

(2) $8+9=7+1+9=7+10=17$

Jump 2 핵심응용하기 81쪽

핵심 응용 풀이 7, 8, 8, 2, 8, 10, 15

답 15개

확인 1 (1) $<$ (2) $>$ 2 13개

3 규형

1 (1) $3+9=2+1+9=2+10=12$,

$6+8=4+2+8=4+10=14$이므로

$12<14$입니다.

(2) $7+8=5+2+8=5+10=15$,

$9+5=9+1+4=10+4=14$이므로

$15>14$입니다.

2 (오늘 먹은 귤 수)=(어제 먹은 귤 수)+5

$=4+5=9$(개)

따라서 웅이가 어제와 오늘 먹은 귤은 모두

$4+9=3+1+9=3+10=13$(개)입니다.

3 (효근이가 가지고 있는 구슬 수)

$=5+8=3+2+8=3+10=13$(개)

(규형이가 가지고 있는 구슬 수)

$=9+6=9+1+5=10+5=15$(개)

$13<15$이므로 규형이가 구슬을 더 많이 가지고 있습니다.

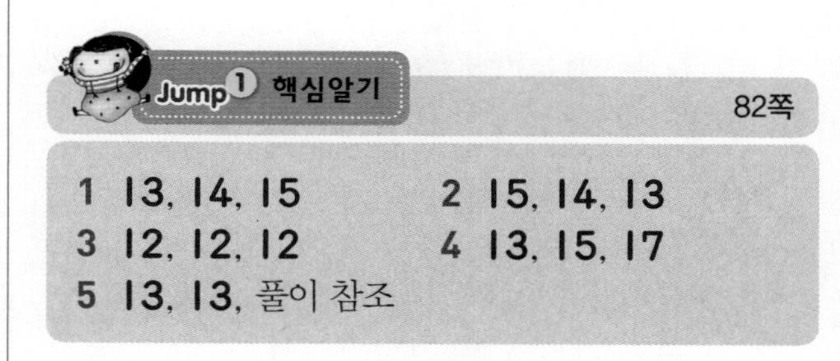

1 같은 수에 1씩 커지는 수를 더하면 합은 1씩 커집니다.

2 같은 수에 1씩 작아지는 수를 더하면 합은 1씩 작아집니다.

3 1씩 작아지는 수에 1씩 커지는 수를 더하면 합은 같습니다.

4 1씩 커지는 수와 1씩 커지는 수를 더하면 합은 2씩 커집니다.

5 예 두 수를 서로 바꾸어 더해도 합은 같습니다.

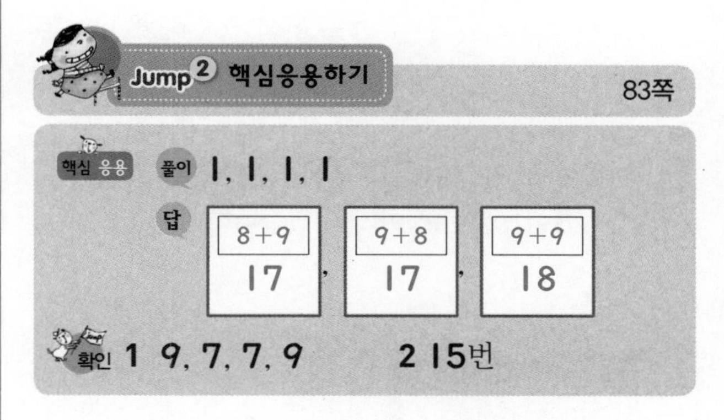

1 더하는 순서가 바뀌어도 두 수의 합은 같습니다.

2 유승이는 6번 계단에서 9계단을 올라갔습니다.
따라서 유승이가 올라간 계단에 붙어 있는 번호는
$6+9=5+1+9=5+10=15$(번)입니다.

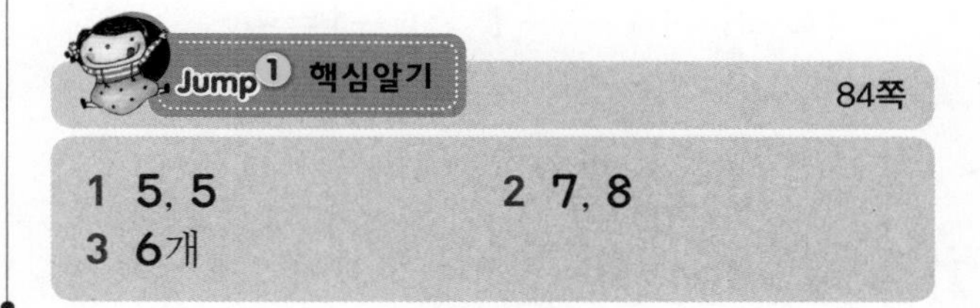

3 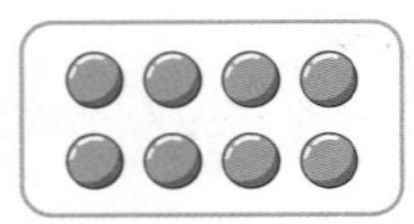

빨간색 구슬은 14개이고 초록색 구슬은 8개입니다. 빨간색 구슬 14개에서 초록색 구슬 8개만큼 /로 지우고 남은 빨간색 구슬은 6개입니다.

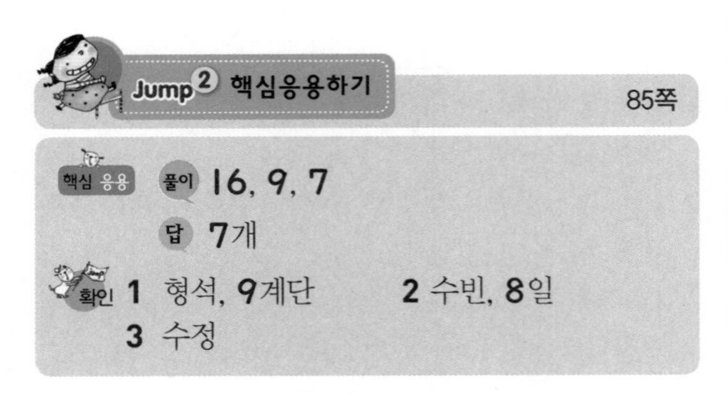

Jump② 핵심응용하기 85쪽

핵심 응용 풀이 $16, 9, 7$
답 7개
확인 1 형석, 9계단 2 수빈, 8일
3 수정

1 $17>8$이므로 형석이가 $17-8=9$(계단) 더 올라갔습니다.

2 수빈이는 7일, 효심이는 15일만에 모두 읽었으므로 더 빨리 읽은 사람은 수빈이입니다.
따라서 수빈이가 $15-7=8$(일) 더 빨리 읽었습니다.

3 • 호영이의 카드의 두 수의 차 : $14-9=5$
• 수정이의 카드의 두 수의 차 : $11-3=8$
➡ $5<8$이므로 수정이가 이겼습니다.

Jump① 핵심알기 86쪽

1 $9, 4$
2 (1) $2, 10, 5$ (2) $7, 7, 9$
3 5개

1 5를 4와 1로 가를 수 있습니다.
구슬 14개에서 4개를 빼고 나머지 1개를 10개 중에서 빼면 9개입니다.
➡ $14-5=14-4-1=10-1=9$

2 (1) 7을 2와 5로 가르기 하여 12에서 2를 먼저 빼서 10을 만든 후 나머지 5를 뺍니다.
(2) 17을 10과 7로 가르기 하여 10에서 8을 먼저 뺀 후 나머지 7을 더합니다.

3 (주머니 속에 남은 구슬 수)
$=$(처음 주머니 속의 구슬 수)$-$(꺼낸 구슬 수)
$=11-6=11-1-5=10-5=5$(개)

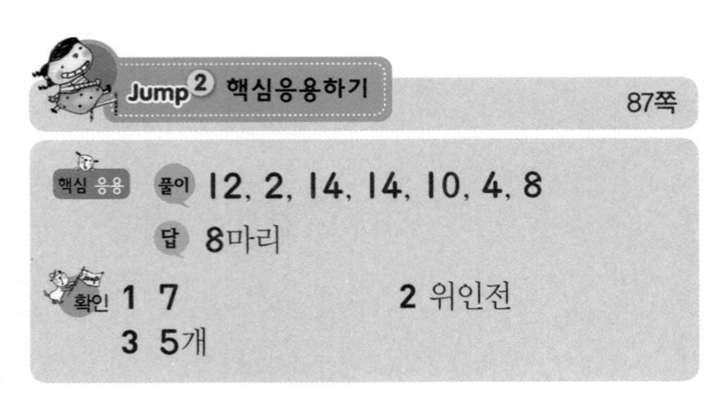

Jump② 핵심응용하기 87쪽

핵심 응용 풀이 $12, 2, 14, 14, 10, 4, 8$
답 8마리
확인 1 7 2 위인전
3 5개

1 가장 큰 수는 14, 가장 작은 수는 7이므로 $14-7=10-7+4=3+4=7$입니다.

2 (남은 위인전의 수)$=15-7=10-7+5$
$=3+5=8$(권)
(남은 동화책의 수)$=12-5=10-5+2$
$=5+2=7$(권)
$8>7$이므로 위인전이 동화책보다 더 많이 남았습니다.

3 (감의 수)$=15-8=10-8+5=2+5=7$(개),
배는 감보다 $12-7=10-7+2=3+2=5$(개) 더 많습니다.

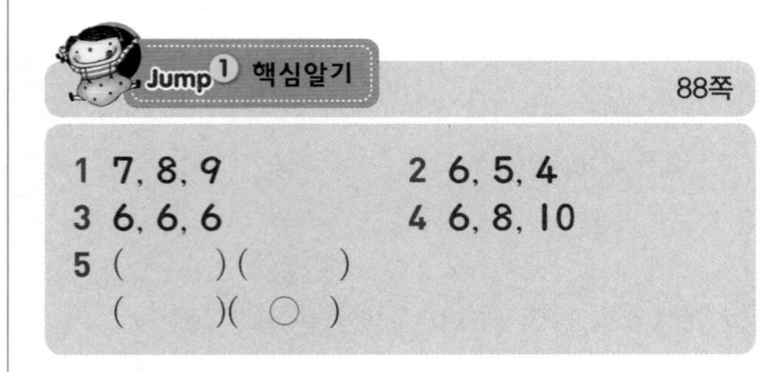

Jump① 핵심알기 88쪽

1 $7, 8, 9$ 2 $6, 5, 4$
3 $6, 6, 6$ 4 $6, 8, 10$
5 ( )( )
( )(○)

1 1씩 커지는 수에서 같은 수를 빼면 차는 1씩 커집니다.

2 같은 수에서 1씩 커지는 수를 빼면 차는 1씩 작아집니다.

3 1씩 커지는 수에서 1씩 커지는 수를 빼면 차는 같습니다.

4 1씩 커지는 수에서 1씩 작아지는 수를 빼면 차는 2씩 커집니다.

5 15−7=8, 16−8=8, 17−9=8, 18−9=9

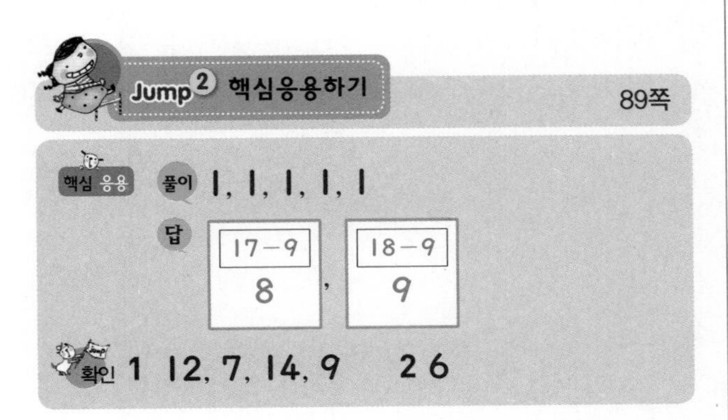

Jump 2 핵심응용하기 89쪽

핵심 응용 풀이 1, 1, 1, 1, 1

답 17−9 / 8 , 18−9 / 9

확인 1 12, 7, 14, 9 2 6

1 ★이 있는 칸에 들어갈 수는 13−8=5이므로 ★이 있는 칸을 제외한 칸에서 찾을 수 있는 차가 5인 뺄셈식은 12−7, 14−9입니다.

2 • 12−6=15−□에서 −의 왼쪽 수가 3만큼 더 커졌으므로 □에 알맞은 수는 6보다 3만큼 더 큰 수인 9입니다.
 • □−8=16−9에서 −의 오른쪽 수가 1만큼 더 커졌으므로 □에 알맞은 수는 16보다 1만큼 더 작은 수인 15입니다. ➡ 15−9=6

Jump 3 왕문제 90쪽~95쪽

1 11	2 ㉢, ㉠, ㉣, ㉡
3 4장	
4 예 9, 2, 7, 4, 6, 5	
5 5가지	
6 예 3, 5, 8 ; 3, 6, 7	
7 12, 14, 16, 18	8 3
9 2	10 4개
11 11	12 +, −, +
13 5개	14 13개
15 8과 12, 9와 13, 10과 14, 11과 15	
16 16	17 5가지
18 7점, 8점, 9점, 10점	

1 ㉠+7=17−6, ㉠+7=11
➡ 11−7=㉠, ㉠=4
16−㉡=4+5, 16−㉡=9
➡ 16−9=㉡, ㉡=7
➡ ㉠+㉡=4+7=11

2 ㉠ □−8=5 ➡ 5+8=□, □=13
㉡ 7+□=12 ➡ 12−7=□, □=5
㉢ 8+7=□, □=15
㉣ 18−□=9 ➡ 18−9=□, □=9
➡ ㉢>㉠>㉣>㉡

3 예슬이는 색종이를 7+6=13(장) 가지고 있으므로 상연이의 색종이도 13장입니다. 따라서 상연이는 보라색 색종이를 13−9=4(장) 가지고 있습니다.

4 8+3=11이므로 합이 11이 되는 두 수를 짝지어 봅니다.

5 6+7=13, 6+8=14, 6+9=15, 7+9=16, 8+9=17이므로 모두 5가지입니다.

7 똑같은 두 수의 합으로 나타낼 수 있는 수는 짝수입니다. 12=6+6, 14=7+7, 16=8+8, 18=9+9이므로 구하려고 하는 수는 12, 14, 16, 18입니다.

8 짝수들의 합은 6+8+10=24, 홀수들의 합은 7+9+11=27이므로 가−나=27−24=3입니다.

9 ★=6+2+9=8+9=17,
▲=★−8−3=17−8−3=6,
♥=15−7−▲=15−7−6=2

10 16−7−2=7이므로 1□−8>7 ➡ 1□>15
따라서 □ 안에 들어갈 수 있는 숫자는 6, 7, 8, 9입니다.

11 12−㉠−3=4 ➡ 12−㉠=7, 12−7=㉠, ㉠=5
㉡+5+4=15 ➡ 15−4−5=㉡, ㉡=6
따라서 ㉠+㉡=5+6=11입니다.

12 7+5+3+4=19인데 계산한 값이 13이므로 6이 작습니다. 19에서 6을 줄이기 위해서는 3을 더하는 것을 3을 빼는 것으로 바꿔야 하므로 3 바로 앞에 − 부호를 넣습니다.
➡ 7+5−3+4=13

13 동생에게 주고 남은 사탕은 $17-9=8$(개)이므로 언니에게 받은 사탕은 $13-8=5$(개)입니다.

14 토끼 인형 : 4개, 강아지 인형 : $4+3=7$(개), 곰 인형 : $7-5=2$(개)
따라서 인형은 모두 $4+7+2=13$(개)입니다.

15 다음과 같이 짝지을 경우 두 수의 차가 가장 크면서 모두 같습니다.

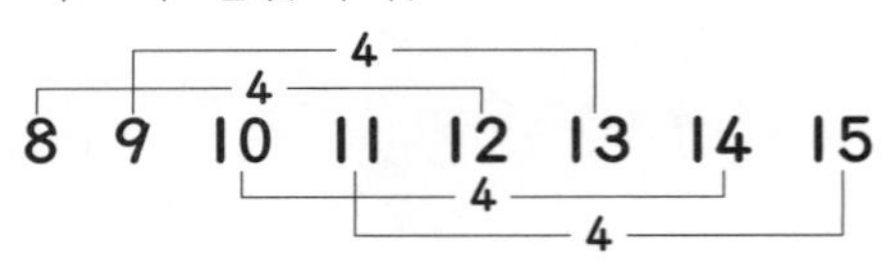

16 (어떤 수)$=10+8-5=13$이므로 바르게 계산하면 $13-5+8=16$입니다.

17 표를 그려 생각합니다.

가영	7	8	9	10	11
언니	5	4	3	2	1
합	12	12	12	12	12

따라서 모두 5가지입니다.

18 예슬이의 점수는 $8+3+6=17$(점)이므로 상연이의 3번째 점수는 $17-4-7=6$(점)보다 많아야 합니다. 따라서 상연이가 이길 수 있는 3번째 화살 점수는 7점, 8점, 9점, 10점입니다.

1 4	2 9
3 5개, 8개, 11개	4 7, 5, 3, 8
5 3가지	6 5가지
7 3개	8 4
9 8	10 6
11 10개	12 13개
13 3개	14 15
15 19점	16 4
17 19개	18 8

1 $7+5+6=18$(자루)이므로 효근이와 가영이의 연필의 수의 합은 18자루입니다.
따라서 1□+□=18에서 □ 안에 공통으로 들어갈 숫자는 4입니다.

2 세 수의 합이 17이 되는 경우를 찾아보면 $1+7+9=17$, $3+5+9=17$로 2가지입니다. 따라서 다음과 같이 수 카드를 놓을 수 있으므로 ㉠에 놓은 수 카드에 적힌 수는 9입니다.

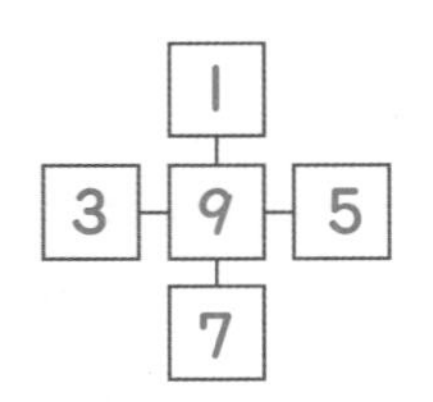

3 전체 구슬 수 : $5+3+6=14$(개)
노란색, 파란색, 빨간색 구슬이 1개씩 남은 경우 잃어버린 구슬은 $14-3=11$(개), 각각 2개씩 남은 경우 잃어버린 구슬은 $14-2-2-2=8$(개), 각각 3개씩 남은 경우 잃어버린 구슬은 $14-3-3-3=5$(개)입니다.

4 세 수의 합이 15인 경우는 $3+4+8=15$, $3+5+7=15$, $4+5+6=15$입니다.

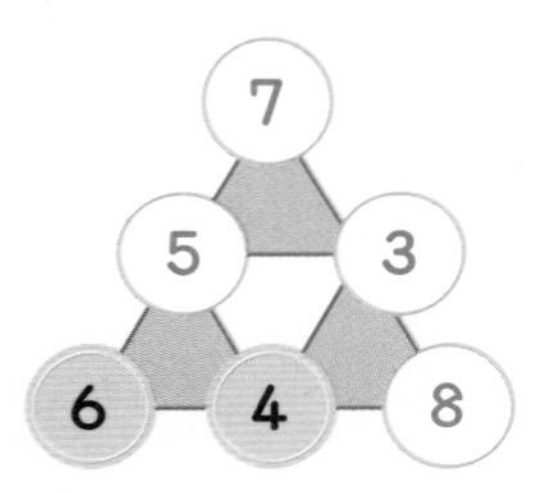

5 • 가장 높은 점수가 8점인 경우 나머지 점수의 합은 $14-8=6$(점)입니다.
6점이 되는 경우는 $1+5$와 $2+4$이므로 합이 14점이 되는 경우는 (8점, 1점, 5점)을 얻은 경우와 (8점, 2점, 4점)을 얻은 경우입니다.
• 가장 높은 점수가 7점인 경우 나머지 점수의 합은 $14-7=7$(점)입니다.
7점이 되는 경우는 $2+5$이므로 합이 14점이 되는 경우는 (7점, 2점, 5점)을 얻은 경우입니다.

6 3개의 주머니에 각각 나누어 담는 방법은 (1, 2, 8), (1, 3, 7), (1, 4, 6), (2, 3, 6), (2, 4, 5)로 모두 5가지입니다.

7 구슬은 모두 $4+9=13$(개)이고 5개를 친구에게

주었으므로 남은 구슬은 $13-5=8$(개)입니다.
8개를 형과 유승이가 나누어 갖는데 유승이가 2개 더 적게 가지려면 형은 5개, 유승이는 3개를 가져야 합니다.

8 ■+■=14에서 ■=7, ●+●+●=18에서 ●=6, ■+●+★=17에서 7+6+★=17, ★=4입니다.

9

★	1	㉤
㉡	㉠	7
㉢	9	㉣

㉠에는 1부터 9까지의 수 중에서 가운데 수가 놓여야 하므로 ㉠=5이고, 세 수의 합은 $1+5+9=15$입니다.
㉡$=15-5-7=3$이고 ㉢과 ㉣에는 4 또는 6, 8 또는 2가 놓일 수 있습니다.
그런데 ㉢+9+㉣=15이므로 ㉢은 6보다 작은 수가 놓여야 하므로 2 또는 4가 놓일 수 있습니다.
- ㉢=2일 때 ㉤$=15-5-2=8$, ㉣$=15-8-7=0$이 되어 ㉣은 0이 될 수 없으므로 ㉢은 2가 아닙니다.
- ㉢=4일 때 ㉤$=15-5-4=6$, ㉣$=15-4-9=2$, 이때 ★은 ★+㉡+㉢=15에서 ★+3+4=15, ★=8입니다.

10 규칙을 살펴보면 $7+8-6=9$, $8+4-5=7$이므로 ★$=9+5-8=6$입니다.

11 합이 4가 되는 두 수는 $0+4$, $1+3$, $2+2$, $3+1$, $4+0$이고 0은 10개씩 묶음의 수가 될 수 없으므로 두 자리 수는 13, 22, 31, 40입니다.
그런데 22, 31, 40은 한 자리의 수끼리의 합으로 나타낼 수 없고, 13은 $4+9$, $5+8$, $6+7$, $7+6$, $8+5$, $9+4$로 나타낼 수 있습니다. 따라서 구하려고 하는 몇십 또는 몇십몇은 13, 22, 31, 40, 49, 58, 67, 76, 85, 94로 모두 10개입니다.

12 만들 수 있는 수는 1, $3-1=2$, 3, $3+1=4$, $9-3=6$, $9+3=12$, 9, $9-1=8$, $9+1=10$, $9-3-1=5$, $9-3+1=7$, $9+3-1=11$, $9+3+1=13$입니다.
따라서 만들 수 있는 수는 1부터 13까지 모두 13개를 만들 수 있습니다.

13 (형석)+(유빈) ➡ 8(개), (유빈)+(은지) ➡ 11(개)
따라서 (형석)+(유빈)+(유빈)+(은지)
➡ $8+11=19$(개)
3번째 조건에서 (형석)+(은지) ➡ 9(개)이므로
(유빈)+(유빈) ➡ $19-9=10$(개)입니다.
따라서 (유빈) ➡ 5개, (형석) ➡ $8-5=3$(개), (은지) ➡ $11-5=6$(개)이므로 구슬을 가장 많이 가진 사람과 가장 적게 가진 사람의 구슬 수의 차는 $6-3=3$(개)입니다.

14 규칙을 알아보면 다음과 같습니다.
- (큰 수, 작은 수)=(큰 수)+(작은 수)+(작은 수)
- [큰 수, 작은 수]=(큰 수)−(작은 수)−(작은 수)

[5, 13]$=13-5-5=3$,
[15, 3]$=15-3-3=9$이므로
([5, 13], [15, 3])=(3, 9)$=9+3+3=15$입니다.

15 예나의 점수에서 (노랑)+(빨강)+(빨강) ➡ 7(점)이므로 $3+2+2=7$(점), $5+1+1=7$(점)으로 나타낼 수 있습니다.
예나와 형석의 점수에서 (파랑)=(빨강)+3이므로 형석의 점수는 $3+2+5=10$(점)(○), $5+1+4=10$(점)입니다.
그런데 (파랑)>(노랑)이어야 하므로 $5+1+4=10$(점)은 될 수 없습니다.
(노랑)=3점, (빨강)=2점, (파랑)=5점이므로 수빈이의 점수에서 3+5+(초록)=15(점), (초록)$=15-8=7$(점)입니다.
따라서 유승이의 점수는 다음과 같습니다.
(파랑)+(초록)+(초록)$=5+7+7=19$(점)

16
- ■+▲=16, ■−▲=2에서 ■+▲+■−▲=16+2, ■+■=18, ■=9입니다.
- ■+▲=16에서 9+▲=16, ▲=16−9, ▲=7입니다.
- ●+▲=18에서 ●+7=18, ●=18−7, ●=11입니다.

따라서 ●−▲$=11-7=4$입니다.

17

유승 → 수빈: 4개
유승 → 효심: 8개
효심 → 수빈: 3개

유승이는 처음보다 **4+8=12**(개)가 줄었고 수빈이는 처음보다 **4+3=7**(개)가 늘었습니다. 그런데 유승이와 수빈이의 구슬 개수가 같아졌으므로 처음에 유승이와 수빈이의 구슬 개수의 차는 **12+7=19**(개)입니다.

18

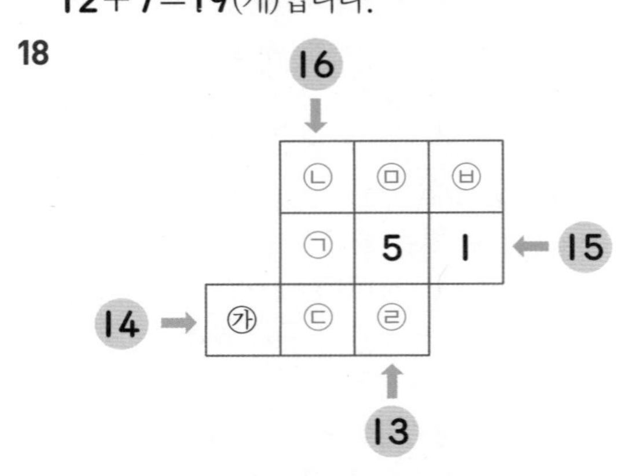

㉠+**5**+**1**=**15**에서 ㉠=**9**이므로
㉡+**9**+㉢=**16**에서 ㉡+㉢=**7**입니다.
㉡+㉢=**1**+**6**=**2**+**5**=**3**+**4**이므로
(×) (×) (◯)

i) ㉡=**3**, ㉢=**4**일 때 ㉮+㉣=**10**, ㉣+㉤=**8**입니다.
㉣=**2**이면 ㉤=**6**이고 이때 ㉮=**8**입니다.

ii) ㉡=**4**, ㉢=**3**인 경우는 찾을 수 없습니다.

따라서 ㉮에 알맞은 수는 **8**입니다.

102쪽

1 **3**, **4**, **5**
2 가장 큰 수 : **24**, 가장 작은 수 : **16**

1 [가]=**4**, [나]=**9**일 때,
[1][다]−[나]=[1][다]−**9**=**6** ➡ [다]=**5**
[가]=**5**, [나]=**8**일 때,
[1][다]−[나]=[1][다]−**8**=**6** ➡ [다]=**4**
[가]=**6**, [나]=**7**일 때,
[1][다]−[나]=[1][다]−**7**=**6** ➡ [다]=**3**
따라서 [다]가 될 수 있는 숫자는 **3**, **4**, **5**입니다.

2 가장 아래 칸 가운데에 가장 큰 두 수를 넣으면 가장 위의 칸도 가장 큰 수가 되고, 가장 작은 두 수를 넣으면 가장 위의 칸도 가장 작은 수가 됩니다.

(가장 큰 수가 되는 경우) (가장 작은 수가 되는 경우)

예
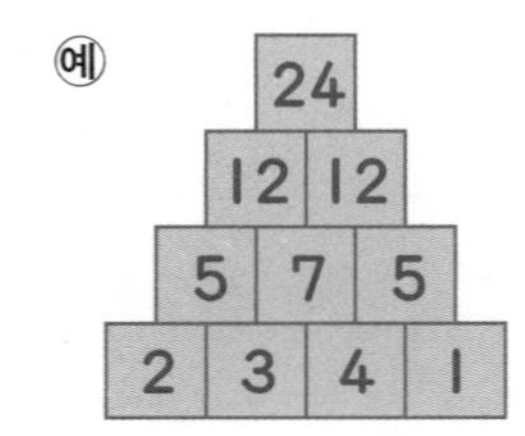

예
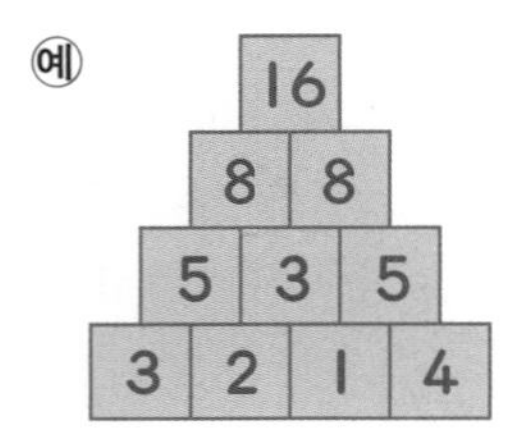

5 규칙 찾기

Jump① 핵심알기 104쪽

1 풀이 참조 2 △
3 예 사과 — 포도 — 포도의 순서로 반복되며 놓여 있는 규칙입니다.
4 예 □, ○, □, △ 모양이 반복되면서 놓여 있는 규칙입니다.

1 강아지 — 강아지 — 고양이 — 고양이가 규칙적으로 반복됩니다.
예 

2 △, ○ 모양이 규칙적으로 반복되므로 빈 곳에 △ 모양을 놓아야 합니다.

3 예 사과 — 포도 — 포도의 순서로 반복되며 놓여 있는 규칙입니다.

4 예 □, ○, □, △ 모양이 반복되면서 놓여 있는 규칙입니다.

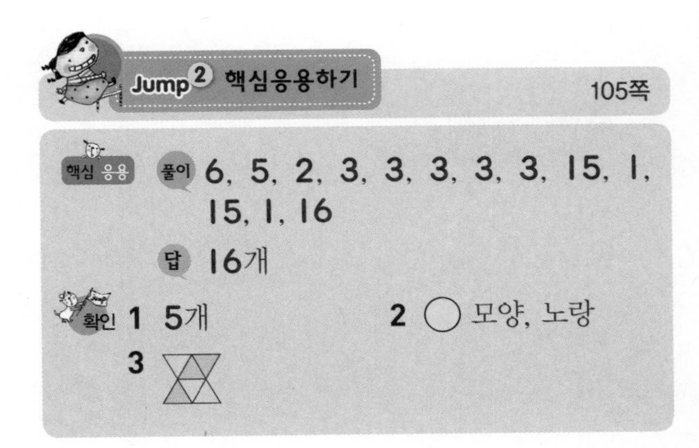
Jump② 핵심응용하기 105쪽

핵심 응용 풀이 6, 5, 2, 3, 3, 3, 3, 3, 15, 1, 15, 1, 16
답 16개
확인 1 5개 2 ○ 모양, 노랑
3

1 사과, 귤, 감, 포도, 수박이 규칙적으로 반복되며 놓여 있으므로 반복되는 부분에는 5개의 과일이 있습니다.

2 △, ■, ○ 모양이 규칙적으로 반복되며 놓여 있고, 색깔은 노랑, 초록이 번갈아 가며 칠해지는 규칙입니다.
따라서 □ 안에 들어갈 모양은 ○ 모양이고 색깔은 노랑입니다.

3 왼쪽 모양과 오른쪽 모양을 합하면 전체 모양이 색칠되므로 왼쪽의 색칠된 부분은 오른쪽의 색칠되지 않은 부분입니다.

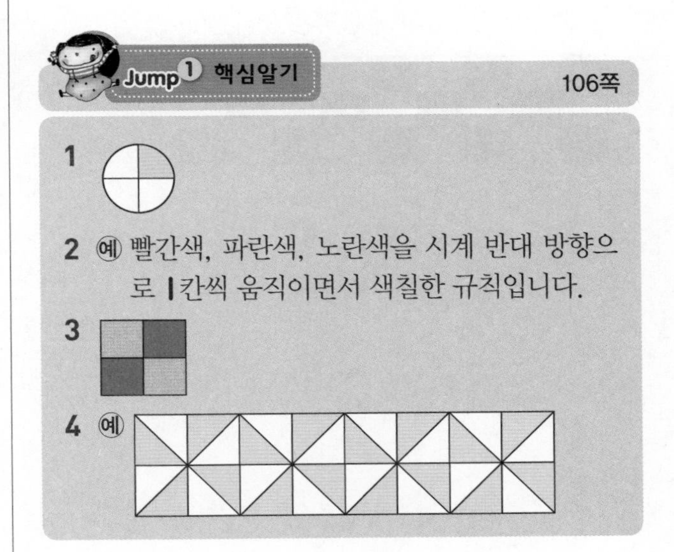
Jump① 핵심알기 106쪽

1
2 예 빨간색, 파란색, 노란색을 시계 반대 방향으로 1칸씩 움직이면서 색칠한 규칙입니다.
3
4 예

1 시계 방향으로 1칸씩 움직이며 색칠되는 규칙입니다.

2 예 빨간색, 파란색, 노란색을 시계 반대 방향으로 1칸씩 움직이면서 색칠한 규칙입니다.

3 ▦이 반복되는 규칙으로 색칠되어 있습니다.

4 예 ⊠이 반복되는 규칙으로 색칠합니다.

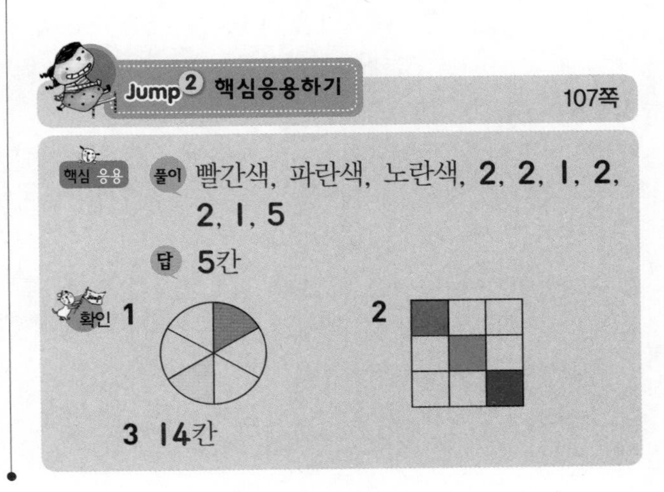
Jump② 핵심응용하기 107쪽

핵심 응용 풀이 빨간색, 파란색, 노란색, 2, 2, 1, 2, 2, 1, 5
답 5칸
확인 1 2
3 14칸

1 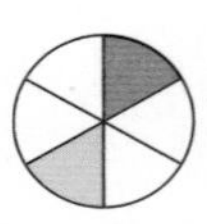 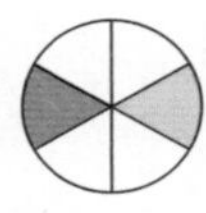 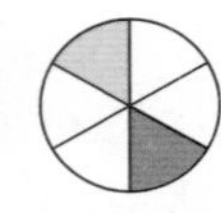

색칠된 부분이 시계 반대 방향으로 **2**칸씩 이동하는 규칙입니다.

2 가운데 칸은 초록색과 노란색이 번갈아 가며 색칠되는 규칙입니다. 빨간색과 파란색은 시계 방향으로 **2**칸씩 이동하며 색칠되는 규칙입니다.

3 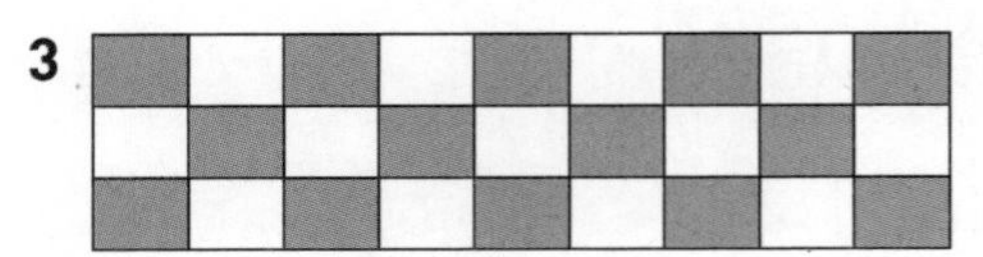

Jump 1 핵심알기 108쪽

1 (1) 예 **43**부터 **73**까지 **6**씩 커지는 규칙입니다.
(2) 예 **88**부터 **78**까지 **2**씩 작아지는 규칙입니다.
2 **78, 82, 86, 90** **3** **70, 80, 85**
4 **91, 88, 85**

2 **74**보다 **4**만큼 더 큰 수는 **78**, **78**보다 **4**만큼 더 큰 수는 **82**, **82**보다 **4**만큼 더 큰 수는 **86**, **86**보다 **4**만큼 더 큰 수는 **90**입니다.

3 **65**는 **60**보다 **5**만큼 더 큰 수이므로 **5**씩 커지도록 뛰어 세기를 한 규칙입니다. **65**보다 **5**만큼 더 큰 수는 **70**, **75**보다 **5**만큼 더 큰 수는 **80**, **80**보다 **5**만큼 더 큰 수는 **85**입니다.

4 **94**는 **97**보다 **3**만큼 더 작은 수이므로 **3**씩 작아지도록 뛰어 세기를 한 규칙입니다.
94보다 **3**만큼 더 작은 수는 **91**, **91**보다 **3**만큼 더 작은 수는 **88**, **88**보다 **3**만큼 더 작은 수는 **85**입니다.

Jump 2 핵심응용하기 109쪽

핵심 응용 풀이 **6, 6, 6, 6, 76, 82, 88, 94, 94**
답 **94**
확인 **1** **93**
2 (1) **53, 74, 88** (2) **76, 65, 51**
3 쉰여섯, 쉰넷, 쉰

1 **53** → **61**이므로 **8**씩 뛰어 세기 한 규칙입니다.
따라서 **53**−**61**−**69**−**77**−**85**−**93**이므로 ㉠에 알맞은 수는 **93**입니다.

2 (1) **69**는 **67**보다 **2**만큼 더 큰 수이므로 뒤의 수가 앞의 수보다 **2**만큼 더 큰 수입니다.
(2) **89**는 **92**보다 **3**만큼 더 작은 수이므로 뒤의 수가 앞의 수보다 **3**만큼 더 작은 수입니다.

3 예순(**60**) → 쉰여덟(**58**)이므로 **2**씩 작아지도록 뛰어 세기 한 규칙입니다.
58보다 **2**만큼 더 작은 수는 **56**(쉰여섯), **56**보다 **2**만큼 더 작은 수는 **54**(쉰넷), **52**(쉰둘)보다 **2**만큼 더 작은 수는 **50**(쉰)입니다.

Jump 1 핵심알기 110쪽

1 **10**씩 커지는 규칙입니다.
2 **3**씩 커지는 규칙입니다.
3 **11**씩 커지는 규칙입니다.
4 풀이 참조
5 **28, 33, 38**

1 □로 둘러싸인 칸에 있는 수들은 **68**−**78**−**88**입니다. **78**은 **68**보다 **10**만큼 더 큰 수, **88**은 **78**보다 **10**만큼 더 큰 수이므로 **10**씩 커지는 규칙입니다.

2 ■로 칠해진 칸에 있는 수들은 **80**−**83**−**86**−**89**입니다. **83**은 **80**보다 **3**만큼 더 큰 수, **86**은 **83**보다 **3**만큼 더 큰 수이므로 **3**씩 커지는 규칙입니다.

3 ■로 칠해진 칸에 있는 수들은 63−74−85입니다. 74는 63보다 11만큼 더 큰 수, 85는 74보다 11만큼 더 큰 수이므로 11씩 커지는 규칙입니다.

4 ■를 칠한 칸에 있는 수들은 62−67−72이므로 5씩 커집니다. 5씩 커지는 규칙이므로 77, 82, 87에 색칠합니다.

61	62	63	64	65	66	67	68	69	70
71	72	73	74	75	76	77	78	79	80
81	82	83	84	85	86	87	88	89	90

5 23보다 5만큼 더 큰 수는 28, 28보다 5만큼 더 큰 수는 33, 33보다 5만큼 더 큰 수는 38, 38보다 5만큼 더 큰 수는 43입니다.

Jump 2 핵심응용하기 111쪽

핵심 응용 풀이 1, 10, 1, 10, 10, 84, 3, 87
답 87

확인 1 6칸, 풀이 참조
2 64, 75, 86, 97

1 쓰여진 수 53−59−65−71−77에서 6씩 커지는 규칙입니다.
따라서 수를 6칸씩 뛰어 센 것이므로 나머지 수는 83−89−95입니다.

		53						59	
				65					
71						77			
		83						89	
				95					

2 53부터 다음 색칠한 칸까지 11칸이므로 11씩 뛰어 세기 한 것입니다. 53보다 11만큼 더 큰 수는 64, 64보다 11만큼 더 큰 수는 75, 75보다 11만큼 더 큰 수는 86, 86보다 11만큼 더 큰 수는 97입니다.

Jump 1 핵심알기 112쪽

1 풀이 참조 2 풀이 참조
3 풀이 참조

1 병아리 − 병아리 − 달걀이 반복되는 규칙이므로 병아리를 ☆ 모양, 달걀을 ♡ 모양으로 나타냅니다.

☆	☆	♡	☆	☆	♡	☆	☆	♡

2 가위 − 바위 − 보가 반복되는 규칙이므로 가위는 2, 바위는 0, 보는 5로 나타냅니다.

2	0	5	2	0	5	2	0	5

3 농구공 − 축구공 − 야구공 − 농구공이 반복되는 규칙이므로 농구공은 ○ 모양, 축구공은 □ 모양, 야구공은 △ 모양으로 각각 나타냅니다.

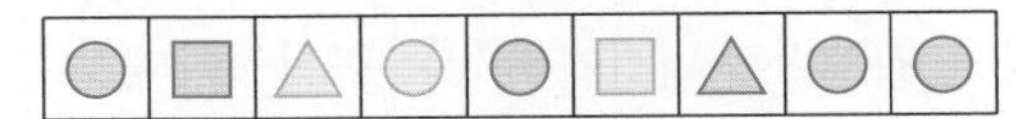

Jump 2 핵심응용하기 113쪽

핵심 응용 풀이 사과, 수박, 5, 4, 8, 5, 8, 5, 3
답 3

확인 1 남, 서, 북, 동, 남, 북, 서
2 ㉠ : ● 모양, ㉡ : ⬡ 모양

1 ⬇, ⬆, ➡, ⬅가 반복되는 규칙이므로 ⬇는 '남', ⬆는 '북', ➡는 '동', ⬅는 '서'로 써서 나타냅니다.

2 빨강 − 파랑 − 노랑이 반복되는 색깔 규칙이므로 빨강은 ● 모양, 파랑은 ⬡ 모양, 노랑은 ▯ 모양으로 나타냅니다. 따라서 ㉠에는 ● 모양, ㉡에는 ⬡ 모양이 들어갑니다.

Jump 3 왕문제

114쪽~119쪽

1 M	2 6개
3 □	4 5개
5 13개	6 15개
7 7장	8 노란색
9 17	10 16
11 6	
12 (1) 61, 67, 73, 79, 85 (2) 100	
13 2	
14 1, 5, 10, 10, 5, 1	
15 21	16 82
17 ㉠ 28 ㉡ 50	18 76

1 W ≷ M ≶가 반복되는 규칙입니다.

2 왼쪽의 ○ 모양을 2로, □ 모양을 6으로, △ 모양을 9로 바꿔 빈칸에 써넣는 규칙입니다.
2, 6, 9 중 홀수는 9이므로 왼쪽에서부터 △의 개수를 세어 보면 홀수의 개수를 알 수 있습니다.
따라서 △ 모양은 6개이므로 홀수는 6개입니다.

3 □, □, □, □가 반복되는 규칙입니다.
4개씩 반복되고 넷째, 여덟째, 열둘째에는 같은 곳에 바둑돌이 놓이게 되므로 열둘째에 놓이는 바둑돌의 위치는 □입니다.

4 ○●○의 3개의 바둑돌이 반복되는 규칙입니다.
규칙에 따라 바둑돌을 15개 늘어놓으면
○●○○●○○●○○●○○●○이므로
검은 바둑돌은 5개 놓입니다.

5 초록색 ▲ 모양은 3개, 5개, 7개, ……로 2개씩 늘어나는 규칙입니다.
따라서 여섯째에 놓일 초록색 ▲ 모양은
$3+2+2+2+2+2=13$(개)입니다.

6 차례대로 △의 수를 규칙적으로 세어 보면 다음과 같습니다.
- 첫째 : 1개
- 둘째 : $1+2=3$(개)
- 셋째 : $1+2+3=6$(개)

마찬가지 방법으로 넷째와 다섯째에 놓일 △의 수를 세어 보면 다음과 같습니다.
- 넷째 : $1+2+3+4=10$(개)
- 다섯째 : $1+2+3+4+5=15$(개)

7 색종이가 왼쪽에서부터 ▲, ●, ▲, ■ 모양 순서로 반복하여 놓여 있습니다.
▲ 모양은 $2+2+2+2+2+2+1=13$(장),
● 모양은 $1+1+1+1+1+1=6$(장) 사용하였습니다.
따라서 ▲ 모양 색종이를 ● 모양 색종이보다 $13-6=7$(장) 더 많이 사용하였습니다.

8 노란색 — 초록색 — 보라색 — 파란색 4개의 공이 반복되며 놓입니다.

0 4 8 12 16 20 21
+4 +4 +4 +4 +4 +1

따라서 21번째 공은 4가지 색의 공을 5번 반복해서 놓고 1개의 공을 더 놓는 것이므로 노란색입니다.

9
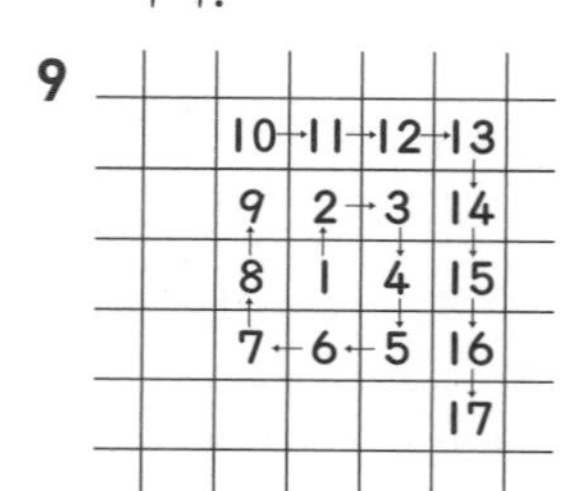

가운데 1부터 시작하여 ⌐와 같이 시계 방향으로 돌며 수가 커지는 규칙입니다. 따라서 ㉮에 알맞은 수는 17입니다.

10 1 2 4 7 11 16
+1 +2 +3 +4 +5

11 0, 3, 6, 9가 반복되는 규칙입니다.
➡ (0, 3, 6, 9) (0, 3, 6, 9) (0, 3, 6, 9) (0, 3, 6, 9) (0, 3, 6, 9)
18번째 수는 3이고 20번째 수는 9이므로 두 수의 차는 $9-3=6$입니다.

12 (1) 색칠한 부분은 아래로 1칸, 왼쪽으로 1칸 움직입니다. 가로줄의 칸 수가 7칸이므로 아래로 1칸 가면 7만큼 커지고, 7 커진 수에서 왼쪽으로 1칸 가면 6씩 커지는 규칙입니다.

55 61 67 73 79 85
+6 +6 +6 +6 +6

(2) 오른쪽 옆으로 1씩 커지고 아래쪽으로 7씩 커지는 규칙입니다. 55—62—69—76—83—90이므로 ♥에 알맞은 수는 90이고 90보다 10만큼 더 큰 수는 100입니다.

13 1, 2, 3, 4, 5 가 반복되므로 5씩 묶어서 생각합니다.

5, 10, 15, 20, 25, 30번째까지 1, 2, 3, 4, 5 가 6번 반복됩니다.

따라서 31번째에는 1, 32번째에는 2 가 놓입니다.

14 첫째 ⟶ 1
둘째 ⟶ 1 1
셋째 ⟶ 1 2 1
넷째 ⟶ 1 3 3 1
다섯째 ⟶ 1 4 6 4 1
여섯째 ⟶ 1 5 10 10 5 1

15 [그림 1]의 빈칸에 알맞은 수는 오른쪽 그림과 같으므로 ㉮에 알맞은 수는 46이고 ㉯에 알맞은 수는 67입니다.
따라서 ㉯−㉮=67−46=21입니다.

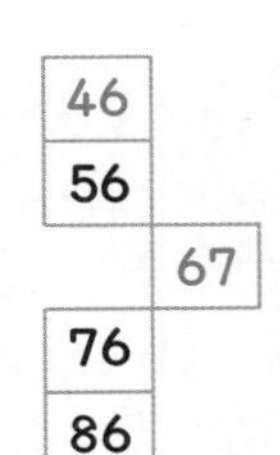

[그림 1]

16

51	52				56	57
64	63			60		
	66		68			71
78	77	76	75	74	73	72
79	80	81				

방향으로 1씩 커지는 규칙이므로 색칠한 부분에 들어갈 수는 82입니다.

17 ㉡은 53보다 3만큼 더 작은 수이므로 50입니다.
㉡ 바로 아래 칸의 수는 59보다 1만큼 더 작은 수이므로 58이고 50 → 58이므로 수 배열표는 아래쪽 방향으로 8씩 커집니다.
수 배열표에서 아래쪽 방향으로 8씩 커진다는 것은 가로의 칸 수가 8칸이라는 것이므로 ㉠은 35보다 7만큼 더 작은 수인 28입니다.

18

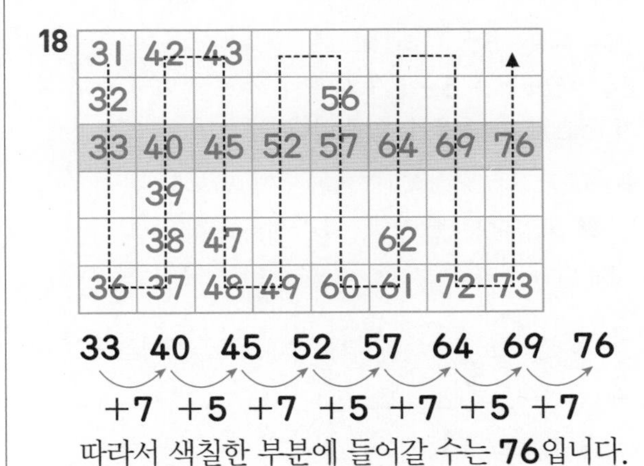

31	42	43					
32				56			
33	40	45	52	57	64	69	76
	39						
	38	47			62		
36	37	48	49	60	61	72	73

33 40 45 52 57 64 69 76
+7 +5 +7 +5 +7 +5 +7
따라서 색칠한 부분에 들어갈 수는 76입니다.

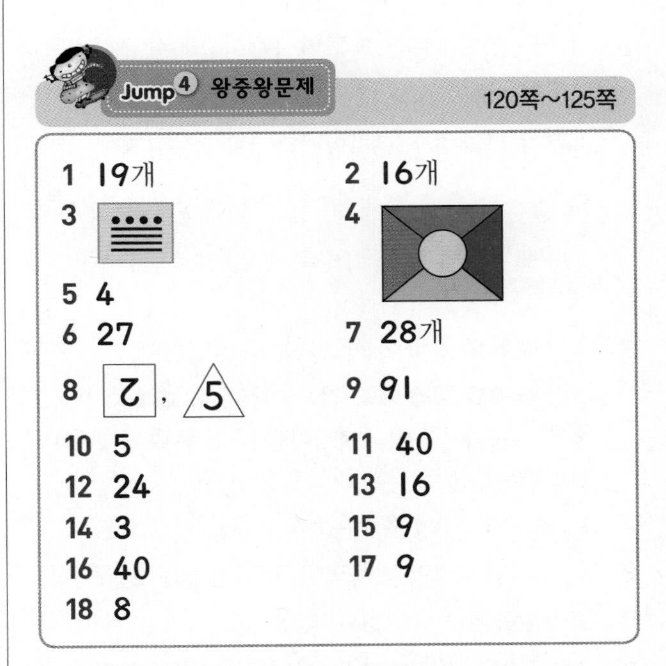

Jump 4 왕중왕문제 120쪽~125쪽

1 19개
2 16개
3
4
5 4
6 27
7 28개
8 ㄹ(뒤집힌 모양), 5(삼각형)
9 91
10 5
11 40
12 24
13 16
14 3
15 9
16 40
17 9
18 8

1 바둑돌의 수를 세어 보면 1개, 4개, 7개, ……로 3개씩 늘어납니다.
1 4 7 10 13 16 19
+3 +3 +3 +3 +3 +3
➡ 일곱째에는 바둑돌이 19개 놓입니다.

2 △ 모양은 위에서부터 홀수 줄에, ○ 모양은 짝수 줄에 놓여 있습니다. 따라서 여덟째에 놓이는 △ 모양은 모두 1+3+5+7=16(개)입니다.

3 고대 마야의 수는 가로선과 점의 수로 나타내었습니다. 점은 1을 나타내고 가로

선(——)은 5를 나타내므로
24=5+5+5+5+4에서 가로선 4개와 4개의 점으로 나타낼 수 있습니다.

4 ● 모양에는 노란색과 초록색이 반복되는 규칙이고 ■ 모양에는 빨간색, 파란색, 주황색, 보라색이 시계 반대 방향으로 1칸씩 움직이는 규칙입니다.

5

					㉡			㉮
2					㉠			
					㉢			㉯

수를 규칙에 따라 써넣으면 ㉠=7, ㉡=7−1=6이므로 ㉮=6+3=9입니다.
또한 ㉢=7+2=9, ㉯=9+4=13이므로
㉮와 ㉯에 들어갈 수의 차는 13−9=4입니다.

6 ◫은 양쪽 수를 더하면 10이 되는 규칙이고, ▭▭은 십의 자리 숫자와 일의 자리 숫자를 서로 바꾸어 나타내는 규칙입니다. (8|㉠)을 규칙에 맞도록 (8|2)로 써야 하며, [7㉠|㉡]에서 ㉠에 2를 쓰고 규칙에 맞도록 오른쪽 수를 쓰면 [72|27]입니다. 따라서 ㉡은 27입니다.

7 ○○●●●●○●이 반복되는 규칙입니다.
○○●●●●○●에서 검은 바둑돌은 4개입니다.
늘어놓은 바둑돌이 49개이면 ○○●●●●○●이 7번 반복되므로 검은 바둑돌은 모두
4+4+4+4+4+4+4=28(개) 있습니다.

8 ○, △, □ 모양이 반복되고 모양 안에는 2, Ƨ, 5, ꙅ가 반복되는 규칙입니다.

9 오른쪽으로 갈수록 4씩 커지고, 아래쪽으로 갈수록 10씩 커지므로 다음과 같은 규칙에 따라 수를 나열합니다. ㉠에 알맞은 수는 91입니다.

19	23	27	31	35				
				45				
				55				
				65				
				75	79	83	87	91

10

㉮	㉯	㉰
	㉰	

규칙을 찾아보면 ㉮+㉯=㉰이고 ㉰를 ㉯ 아래에 씁니다.

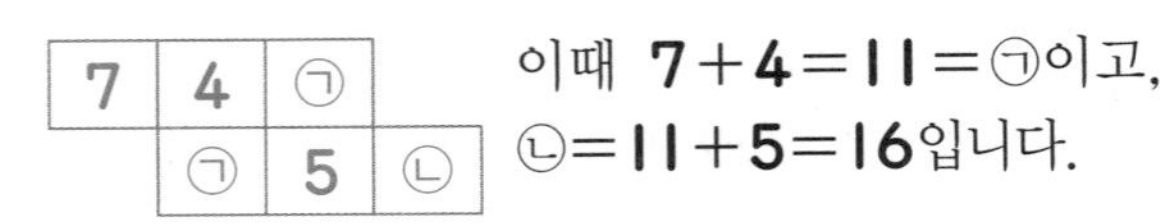

이때 7+4=11=㉠이고, ㉡=11+5=16입니다.
따라서 ㉡−㉠=16−11=5입니다.

11

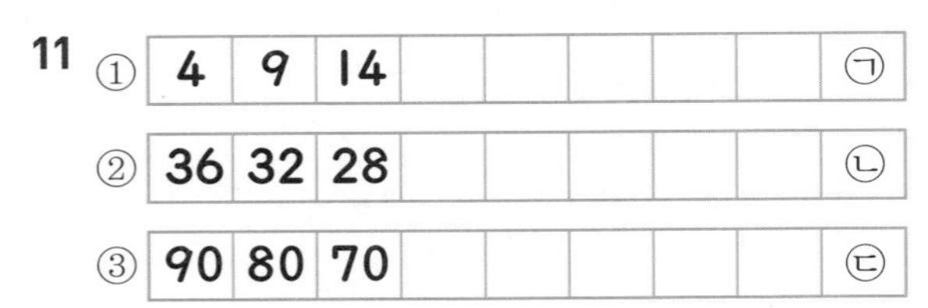

① 4부터 시작하여 5씩 커지는 규칙입니다.
4−9−14−19−24−29−34−39−44이므로 ㉠=44
② 36부터 시작하여 4씩 작아지는 규칙입니다.
36−32−28−24−20−16−12−8−4이므로 ㉡=4
③ 90부터 시작하여 10씩 작아지는 규칙입니다.
90−80−70−60−50−40−30−20−10이므로 ㉢=10
따라서 44, 4, 10 중 가장 큰 수와 가장 작은 수의 차는 44−4=40입니다.

12

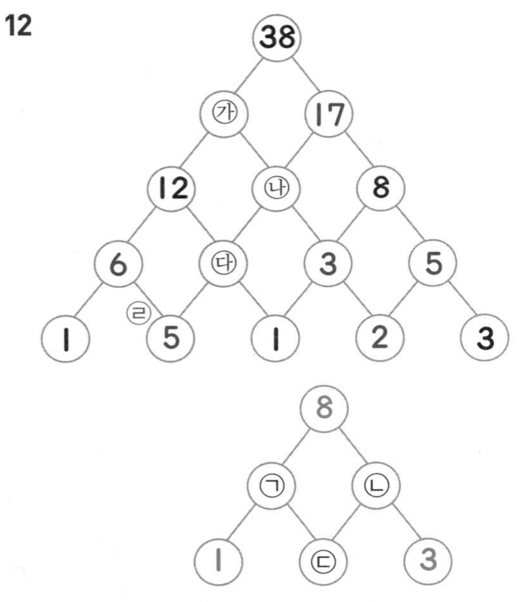

참고 ㉠=1+㉢, ㉡=3+㉢,
㉠+㉡=1+㉢+3+㉢=8,
㉢+㉢=4, ㉢=2
➡ ㉠=1+2=3, ㉡=2+3=5

마찬가지로, 1+㉣+㉣+1=12, ㉣=5
➡ ㉰=5+1=6, ㉯=6+3=9,
㉮=12+9=21이므로
㉮+㉯−㉰=21+9−6=24입니다.

13 2 4 6 10 16 26

↑ 2+4, ↑ 4+6, ↑ 6+10, ↑ 10+16

14 보기 는 시계 방향으로 1칸씩 움직이며 1씩 커지는 규칙입니다.

방법 1 시계 반대 방향으로 굴리며 한 단계씩 따져보기

끝에서부터 시계 반대 방향으로 굴리면 1씩 줄어들게 되므로 ㉠은 3입니다.

방법 2 한 바퀴를 완전히 굴리면 5씩 늘어난 것과 같은데 이것을 거꾸로 생각하면 5씩 줄어든다고 볼 수 있습니다. 따라서 ㉠이 마지막에서 8이 된 자리이므로 8에서 5만큼 줄어들면 3입니다.

15 규칙 ①

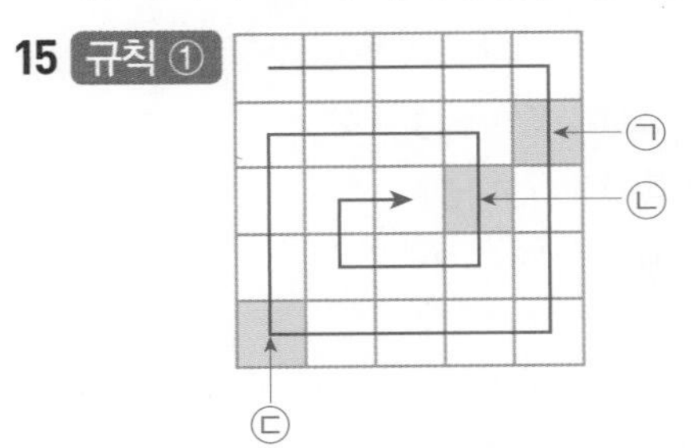

이 방향으로 3214가 계속 반복적으로 나열되어 있으므로 ㉠은 2, ㉡은 4, ㉢은 3으로 합은 9입니다.

규칙 ②

3	2	1	4	3
4	3	2	1	㉠
1	4	3	㉡	1
2	1	2	3	4
㉢	4	1	2	3

한 가운데 수 3을 중심으로 반 바퀴 돌렸을 때, 겹쳐지는 수는 같습니다. 따라서 ㉠은 2, ㉡은 4, ㉢은 3으로 세 수의 합은 9입니다.

16

15	16	17				21
		34			37	
31			♥			
30				26		24

작은 수부터 차례로 선을 그으면 달팽이 모양으로 1씩 커지는 규칙입니다.

따라서 ♥=37+1+1+1=40입니다.

17 한 칸씩 건너뛰어 수 배열의 규칙을 알아보면,

26−24−22−20−㉠에서

㉠=20−2=18이고, 18−15−12−㉡에서

㉡=12−3=9입니다.

따라서 ㉠과 ㉡의 차는 18−9=9입니다.

18 다음과 같은 규칙이 있습니다.

54		4
	43	
4		3

➡ 54−4−4−3=43

62		3
	50	
5		4

➡ 62−3−5−4=50

73		6
	55	
5		7

➡ 73−6−5−7=55

따라서 넷째 모양에서 87−7−8−가=64이므로 가=8입니다.

Jump 5 영재교육원 입시대비문제 126쪽

1 풀이 참조 2 풀이 참조

1 9 ➡ ●○○●

14 ➡ ○●●●

규칙에 따라 색칠하면 8은 ○○○●이므로 9는 ●○○●입니다. 14는 8+6이므로 ○●●●로 색칠할 수 있습니다.

2

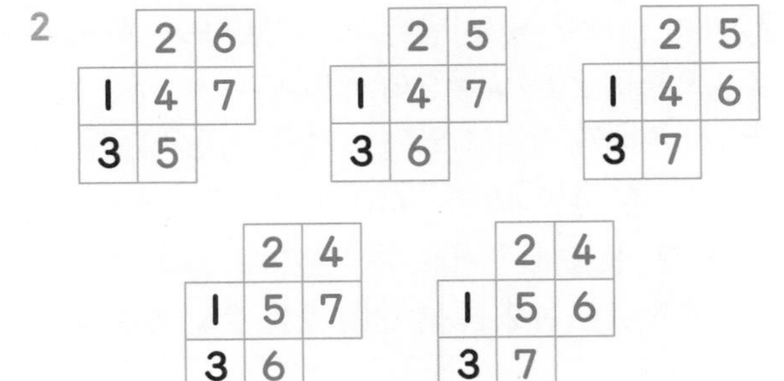

	2	6
1	4	7
3	5	

	2	5
1	4	7
3	6	

	2	5
1	4	6
3	7	

	2	4
1	5	7
3	6	

	2	4
1	5	6
3	7	

6 덧셈과 뺄셈(3)

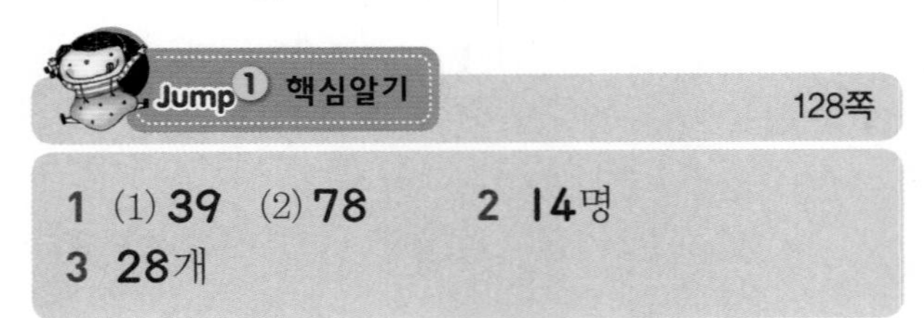

Jump① 핵심알기 128쪽

1 (1) 39 (2) 78 2 14명
3 28개

1 (1) $\begin{array}{r} 30 \\ +\ \ 9 \\ \hline 39 \end{array}$ (2) $\begin{array}{r} 6 \\ +72 \\ \hline 78 \end{array}$

2 (놀이터에서 놀고 있는 어린이 수)
=(여자 어린이 수)+(남자 어린이 수)
=10+4=14(명)

3 (용희가 가지고 있는 구슬 수)
=(효근이가 가지고 있는 구슬 수)+6
=22+6=28(개)

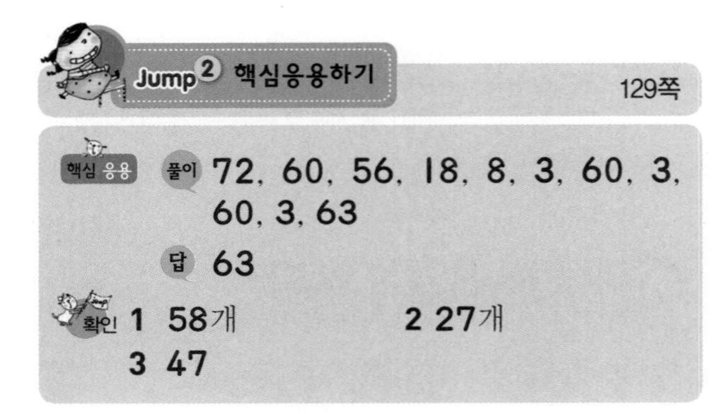

Jump② 핵심응용하기 129쪽

핵심 응용 풀이 72, 60, 56, 18, 8, 3, 60, 3, 60, 3, 63
답 63
확인 1 58개 2 27개
3 47

1 배는 1상자에 10개씩 5상자가 있으므로 모두 50개, 복숭아는 3개, 참외는 복숭아보다 2개 더 많으므로 3+2=5(개)입니다.
따라서 과일 가게에 있는 배, 복숭아, 참외는 모두 50+3+5=53+5=58(개)입니다.

2 박하 맛 사탕은 1봉지에 10개씩 2봉지가 있으므로 20개이고 자두 맛 사탕은 박하 맛 사탕보다 4개 더 많으므로 20+4=24(개)입니다.
따라서 지혜가 가지고 있는 딸기 맛 사탕과 자두 맛 사탕은 모두 3+24=27(개)입니다.

3 4, 0, 2, 1 중에서 서로 다른 2장을 골라 만들 수 있는 수는 10, 12, 14, 20, 21, 24, 40, 41, 42입니다.
가장 큰 수는 42이므로 42보다 5만큼 더 큰 수는 42+5=47입니다.

다른 풀이
가장 큰 수를 만들려면 몇십의 자리에 가장 큰 숫자인 4가, 몇의 자리에는 다음으로 큰 숫자인 2가 놓여야 합니다.
따라서 가장 큰 수는 42이고, 42보다 5만큼 더 큰 수는 42+5=47입니다.

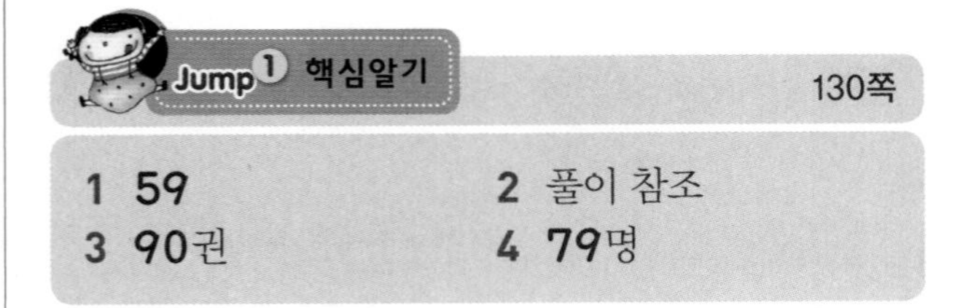

Jump① 핵심알기 130쪽

1 59 2 풀이 참조
3 90권 4 79명

1 십 모형은 3개, 2개이므로 모두 3+2=5(개)이고 낱개 모형은 5개, 4개이므로 모두 5+4=9(개)입니다. 따라서 35+24=59입니다.

2 • 43+54=40+50+3+4
=90+7=97
• 43+54=43+50+4
=93+4=97

3 (한초가 가지고 있는 책의 수)
=80+(오늘 산 책의 수)
=80+10=90(권)

4 (연극을 보고 있는 사람 수)
=(어린이 수)+(어른 수)
=65+14=79(명)

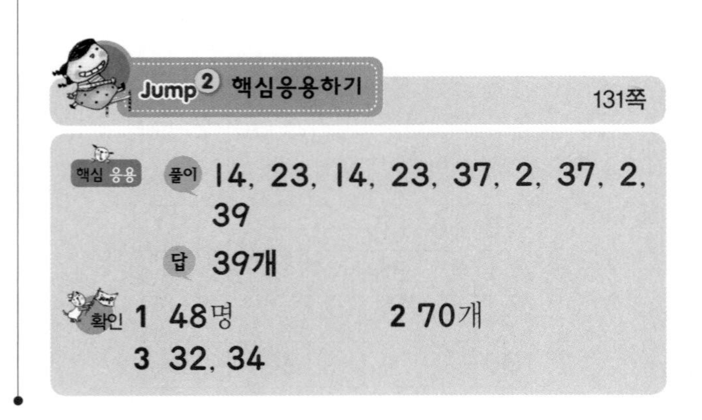

Jump② 핵심응용하기 131쪽

핵심 응용 풀이 14, 23, 14, 23, 37, 2, 37, 2, 39
답 39개
확인 1 48명 2 70개
3 32, 34

1 학생 수가 가장 많은 반은 1반이고 가장 적은 반은 3반입니다. ➡ 27+21=48(명)

2 종이학을 동민이는 예슬이보다 10개 더 많이 접었으므로 30+10=40(개) 접었습니다.
따라서 예슬이와 동민이가 접은 종이학은 모두 30+40=70(개)입니다.

3 32+34=66이므로 합이 66인 두 수는 32와 34입니다.

Jump① 핵심알기 132쪽

1 33　　2 (1) 22 (2) 63
3 52개

2 (1) 28 − 6 = 22　(2) 67 − 4 = 63

3 (노란색 구슬 수)−(파란색 구슬 수)
=59−7=52(개)

Jump② 핵심응용하기 133쪽

핵심 응용 풀이 39, 36, 36, 32, 32
답 32명
확인 1 61　　2 91
3 76개

1 가장 큰 수는 65이고 가장 작은 수는 4입니다.
따라서 가장 큰 수와 가장 작은 수의 차는 65−4=61입니다.

2 어떤 수를 □라고 하면 □+5=99
➡ 99−5=□, □=94
따라서 어떤 수보다 3만큼 더 작은 수는 94−3=91입니다.

3 • (남은 사과의 수)=49−5=44(개)
• (남은 배의 수)=38−6=32(개)
따라서 남은 사과와 배는 모두 44+32=76(개)입니다.

Jump① 핵심알기 134쪽

1 35, 22　　2 풀이 참조
3 <　　4 12개

1 십 모형 5개에서 3개를 지우면 십 모형 2개가 남고, 낱개 모형 7개에서 5개를 지우면 낱개 모형 2개가 남습니다.

2 • 59−35=(50−30)+(9−5)
=20+4=24
• 59−35=59−30−5
=29−5=24

3 76−43=33, 48−10=38
➡ 33<38

4 (어제 판 곰 인형의 수)−(오늘 판 곰 인형의 수)
=36−24=12(개)

Jump② 핵심응용하기 135쪽

핵심 응용 풀이 20, 28, 20, 8, 8, 3, 5, 8, 5
답 한초 : 8살, 동생 : 5살
확인 1 ㉣, ㉠, ㉡, ㉢　　2 40마리
3 14마리

1 ㉠ 25+32=57　㉡ 76−23=53
㉢ 60−40=20　㉣ 12+56=68
따라서 계산 결과가 가장 큰 것부터 차례대로 기호를 쓰면 ㉣, ㉠, ㉡, ㉢입니다.

2 • (닭의 수)=(오리의 수)−4
=59−4
=55(마리)

• (병아리의 수)=(닭의 수)−15
=55−15
=40(마리)

3 (토끼의 수)=78−(거북이의 수)
=78−32
=46(마리)
따라서 토끼는 거북이보다 46−32=14(마리) 더 많습니다.

Jump① 핵심알기

136쪽

1 36+12=48　　2 36−12=24
3 89개　　4 43개
5 33개

3 66+23=89(개)

4 66−23=43(개)

5 75−42=33(개)

Jump② 핵심응용하기

137쪽

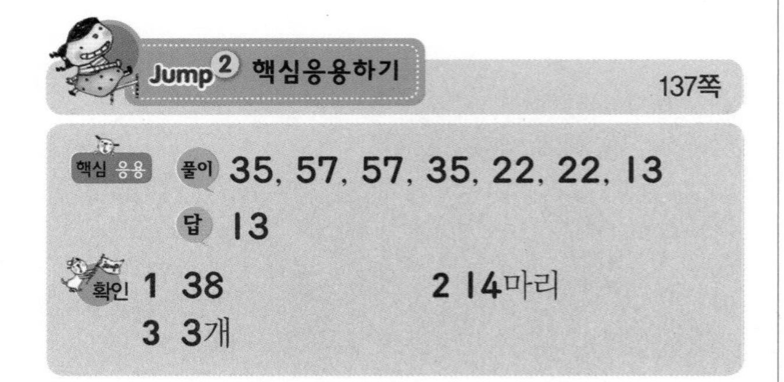

핵심 응용 풀이 35, 57, 57, 35, 22, 22, 13
답 13
확인 1 38　　2 14마리
3 3개

1 25−(어떤 수)=12, (어떤 수)=25−12=13
따라서 바르게 계산하면 25+13=38입니다.

2 갈치는 76−31=45(마리)입니다.
따라서 갈치는 조기보다 45−31=14(마리) 더 많습니다.

3 용희가 주운 도토리는 87−45=42(개)입니다.
따라서 한별이는 용희보다 도토리를 45−42=3(개) 더 많이 주웠습니다.

Jump③ 왕문제

138쪽~143쪽

1 ㉣　　2 54개
3 신영이네 과수원, 10그루
4 34
5 예슬이가 상연이에게 1장을 줍니다.
6 50　　7 67
8 62　　9 42개
10 2, 4, 5, 2, 9 또는 2, 5, 4, 2, 9
11 63장　　12 38자루
13 20쪽　　14 8, 9
15 15　　16 53
17 59마리　　18 77장

1 ㉠ 63+□=69 ➡ 69−63=□, □=6
㉡ 30+□=40 ➡ 40−30=□, □=10
㉢ 57−□=50 ➡ 57−50=□, □=7
㉣ 49−□=44 ➡ 49−44=□, □=5
따라서 □ 안에 들어갈 수가 가장 작은 것은 ㉣입니다.

2 • (한별이에게 주고 남은 종이학 수)
=56−24=32(개)
• (한별이에게 주고 남은 종이배 수)
=35−13=22(개)
따라서 예슬이에게 남은 종이학과 종이배는 모두 32+22=54(개)입니다.

3 • (한초네 과수원에 있는 과일나무의 수)
=15+23=38(그루)
• (신영이네 과수원에 있는 과일나무의 수)
=22+26=48(그루)
따라서 신영이네 과수원에 있는 과일나무가 48−38=10(그루) 더 많습니다.

4 23+□=56에서 □=56−23=33이므로 □ 안에 들어갈 수 있는 수는 34, 35, 36, …… 입니다. 따라서 가장 작은 수는 34입니다.

5 예슬이의 색종이는 86−42=44(장)이므로 예슬이가 상연이에게 1장을 주면 두 사람의 색종이는 43장으로 같아집니다.

6 만들 수 있는 몇십과 몇십몇은 10, 13, 16, 30, 31, 36, 60, 61, 63입니다.

따라서 셋째로 큰 수는 60이고 가장 작은 수는 10이므로 두 수의 차는 $60-10=50$입니다.

7 • $74-▲=23$ ➡ $74-23=▲$, $▲=51$
• $▲+16=●$ ➡ $51+16=●$, $●=67$

8 $2, 0, 4, 3$ 중에서 서로 다른 2장을 골라 만들 수 있는 수는 $20, 23, 24, 30, 32, 34, 40, 42, 43$입니다. 24보다 크고 34보다 작은 수는 $30, 32$이므로 $30+32=62$입니다.

9 영수가 처음에 가지고 있는 초콜릿 수는 $31+17=48$(개)입니다. 석기와 영수는 같은 수만큼 초콜릿을 가지고 있으므로 석기가 가지고 있는 초콜릿도 48개입니다.
따라서 석기가 동생에게 초콜릿 6개를 주고 남는 개수는 $48-6=42$(개)입니다.

10 ㄱㄴ+ㄷ=ㄹㅁ에서 ㄴ과 ㄷ의 합이 ㅁ이 되는 경우를 살펴봅니다.
ㄴ=2, ㄷ=2, ㅁ=4일 때 ㄱ과 ㄹ에 알맞은 수가 없습니다.
ㄴ=4, ㄷ=5, ㅁ=9일 때 ㄱ=2, ㄹ=2입니다.
ㄴ=5, ㄷ=4, ㅁ=9일 때 ㄱ=2, ㄹ=2입니다.
따라서 $24+5=29$ 또는 $25+4=29$입니다.

11 한초가 가지고 있는 색종이는 10장씩 7묶음과 낱장 18장이므로 모두 $70+18=88$(장)입니다.
따라서 이 중에서 25장을 사용했다면 남은 색종이는 $88-25=63$(장)입니다.

12 사용한 연필과 선물로 준 연필 수의 합은 $13+10=23$(자루)이므로 가영이가 처음에 가지고 있던 연필은 모두 $23+15=38$(자루)입니다.

13 화요일과 금요일에 공부한 쪽수의 합은 $12+11=23$(쪽)이므로 토요일에는 $43-23=20$(쪽)을 공부했습니다.

14 $41+36=77$이고 $□7-2=□5$이므로 $77<□5$입니다. □는 7보다 커야 하므로 □ 안에 들어갈 수 있는 숫자는 $8, 9$입니다.

15 ㉯$=68-33=35$이므로 ㉮$=35-20=15$입니다.

16 $★+★=80$에서 $★=40$이므로 $★+●=40+●=61$에서 $●=61-40=21$입니다.
$▲-●=▲-21=11$에서 $▲=11+21=32$입니다. 따라서 $●+▲=21+32=53$입니다.

17 돼지는 $38-22=16$(마리)이므로 닭은 $16+43=59$(마리)입니다.

18 가영이와 예슬이에게 준 색종이는 $20+20=40$(장)이므로 미술 시간에 12장을 사용한 후 남은 색종이는 $40+25=65$(장)입니다.
따라서 상연이가 처음에 가지고 있던 색종이는 $65+12=77$(장)입니다.

Jump 4 왕중왕문제

144쪽~149쪽

1 38, 37, 36	2 1, 2, 3, 4
3 상연, 1개	4 2개
5 (위쪽부터) 14, 54, 89	
6 4개	7 12
8 15개	9 21개
10 21, 76	
11 소 : 20마리, 말 : 18마리, 돼지 : 11마리	
12 11	13 48살
14 8개	15 10
16 77	17 36
18 11	

1 계산 결과가 가장 작은 몇십인 $48-□=10$일 때 □ 안에 가장 큰 수가 들어갑니다.
$48-㉠=㉡$ ➡ $48-㉡=㉠$
㉡에 들어갈 수를 가장 작은 수부터 차례대로 쓰면 $10, 11, 12$이므로 ㉠에 들어갈 수를 큰 수부터 차례대로 구하면 $38, 37, 36$입니다.

2 묶음 수끼리의 합 $(★+2)$는 6이거나 6보다 작아야 하므로 ★은 4이거나 4보다 작습니다.
$★=4$일 때 $44+24=68$,
$★=3$일 때 $33+23=56$,
$★=2$일 때 $22+22=44$,
$★=1$일 때 $11+21=32$
따라서 ★이 될 수 있는 숫자는 $1, 2, 3, 4$입니다.

3 상연이가 지혜에게 **23−12=11**(개) 받는 셈이므로 상연이의 사탕은 **25+11=36**(개), 지혜의 사탕은 **46−11=35**(개)입니다. 따라서 상연이의 사탕이 **1**개 더 많습니다.

4 규형이가 동생에게 구슬 **3**개를 주면 **24−3=21**(개)이고, 한별이에게 **11**개를 주면 **21−11=10**(개)의 구슬이 남습니다.
석기에게 구슬 몇 개를 받아 **12**개가 되었으므로 석기에게 받은 구슬은 **12−10=2**(개)입니다.

5 위의 두 칸에 적힌 수의 합을 아래 칸에 쓰는 규칙입니다.

21	㉠	40
	35	㉡
	㉢	

㉠=**35−21=14**,
㉡=㉠**+40=14+40=54**,
㉢=**35+**㉡**=35+54=89**

6

	ㄱ	ㄴ
+	ㄷ	ㄹ
	ㅁ	ㅂ

ㄴ+ㄹ=ㅂ이 되는 경우를 살펴봅니다. **2+3=5**일 때 ㄱ, ㄷ, ㅁ에 알맞은 수가 없습니다.
2+4=6일 때 **32+54=86**이 만들어집니다.
4+2=6일 때 **34+52=86**이 만들어집니다.
2+6=8일 때 ㄱ, ㄷ, ㅁ에 알맞은 수가 없습니다. **3+5=8**일 때 **23+45=68**이 만들어집니다. **5+3=8**일 때 **25+43=68**이 만들어집니다. 따라서 **32+54=86**, **34+52=86**, **23+45=68**, **25+43=68**이므로 모두 **4**개의 덧셈식을 만들 수 있습니다.

7

	㉠	5
+	3	㉡
	7	8

두 수 중 큰 수를 ㉠**5**, 작은 수를 **3**㉡이라고 하면
5+㉡**=8 ➡ 8−5=**㉡, ㉡**=3**
㉠**+3=7 ➡ 7−3=**㉠, ㉠**=4**
따라서 두 수의 차는 **45−33=12**입니다.

8 흰색 단추는 **78−33=45**(개)이고 이 중 구멍의 수가 **2**개인 흰색 단추의 수는 **45−30=15**(개)입니다.
따라서 검은색 단추의 구멍의 수가 모두 **4**개라고 하더라도 구멍의 수가 **2**개인 단추는 적어도 **15**개입니다.

9 동민이가 먹고 남은 사탕은 **38−15=23**(개), 영수가 먹고 남은 사탕의 수를 □라고 하면 **23+□=48 ➡ 48−23=□**, **□=25**(개)입니다. 따라서 영수가 먹은 사탕의 수를 ○라고 하면 **46−○=25 ➡ 46−25=○**, **○=21**(개)입니다.

10 가장 작은 수부터 차례로 늘어놓습니다.

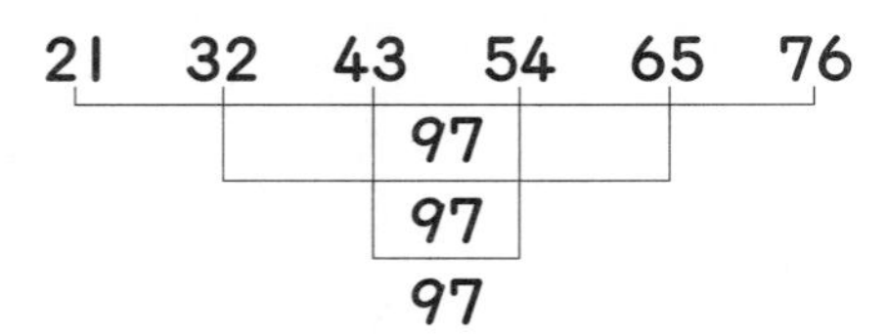

세 사람이 각각 꺼낸 수 카드에 적힌 두 수의 합이 **97**로 모두 같고, 이 중 두 수의 차가 가장 큰 경우는 **76−21=55**입니다. 따라서 효근이가 꺼낸 수 카드에 적힌 두 수는 **21**, **76**입니다.

11 • (소의 수)+(말의 수)+(돼지의 수)=**49**
• (소의 수)+(말의 수)=**38**
• (말의 수)+(돼지의 수)=**29**
위 식에서 (돼지의 수)=**49−38=11**(마리)이고 (소의 수)=**49−29=20**(마리)입니다.
따라서 말의 수를 □라고 하면 **20+□=38**
➡ 38−20=□, **□=18**(마리)입니다.

12 ■+■=★과 ★+■=**39**에서
■+■+■=**39**이므로 ■=**13**입니다.
■+■=★에서 **13+13**=★, ★=**26**
●+★=**58**에서 ●**+26=58**,
●**=58−26=32**
●−▲=**21**에서 **32−**▲**=21**,
▲**=32−21=11**

13 형석 나이, 동생 나이: 4살, 12살
12살에 **4**살을 더하면 **16**살인데 이것은 형석이의 나이를 두 번 더한 것과 같으므로 형석이 나이는 **8**살입니다.
아버지 나이, 어머니 나이: 4살, 76살
76살에 **4**살을 더하면 **80**살인데 이것은 아버지의 나이를 두 번 더한 것과 같으므로 아버지의 나이는 **40**살입니다. 따라서 형석이와 아버지의 나이의 합은 **8+40=48**(살)입니다.

14 **13+65**, **15+63**, **21+57**, **27+51**, **31+47**, **32+46**, **36+42**, **37+41**
➡ 8개

15 • 만들 수 있는 수 중 둘째로 큰 수는 96, 둘째로 작은 수는 16이므로 ㉠=96−16=80입니다.
• 만들 수 있는 수 중 다섯째로 큰 수는 89, 넷째로 작은 수는 19이므로 ㉡=89−19=70입니다.
➡ ㉠−㉡=80−70=10

16

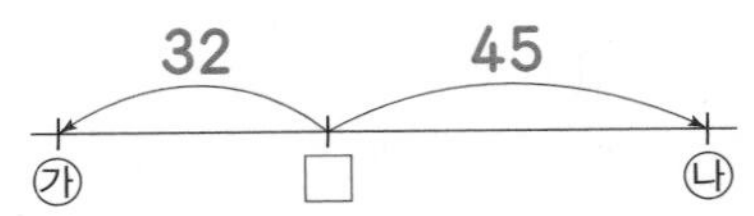

㉮와 ㉯의 차는 ㉯−㉮이므로 두 수의 차는 32+45=77입니다.

17 ㉮ 계산기에 15를 넣었더니 28이 나왔으므로 ㉮ 계산기는 넣은 수에 13을 더하는 규칙이 있고, ㉯ 계산기는 19를 넣었을때 11이 나왔으므로 ㉯ 계산기는 넣은 수에서 8을 빼는 규칙이 있습니다.
• 40을 ㉮ 계산기에 3번 넣고 ㉯ 계산기에 2번 넣으면 다음과 같은 수가 나옵니다.
40+13+13+13−8−8
=40+39−16=63
➡ ㉠=2
• 32를 ㉮ 계산기에 2번 넣고 ㉯ 계산기에 3번 넣으면 다음과 같은 수가 나옵니다.
32+13+13−8−8−8
=32+26−24=34
➡ ㉡=34입니다.
따라서 ㉠+㉡=2+34=36입니다.

18 주희가 뽑은 두 수의 차는 99−78=21입니다.
나머지 4장의 수 카드를 큰 순서대로 늘어놓으면 77, 57, 46, 34이므로 형석이는 77과 34를 뽑아 두 수의 차는 77−34=43이 되었고, 예나는 57과 46을 뽑아 두 수의 차는 57−46=11이 되었습니다.
만일 예나가 46과 34를 뽑고, 형석이가 77과 57을 뽑았다고 하면 예나가 뽑은 두 수의 차는 46−34=12, 형석이가 뽑은 두 수의 차는 77−57=20으로 둘 다 21보다 작아 조건에 맞지 않습니다.
또한 예나가 57과 34를 뽑고 형석이가 77과 46을 뽑았다고 하면 예나가 뽑은 두 수의 차는 57−34=23, 형석이가 뽑은 두 수의 차는 77−46=31로 둘 다 21보다 커서 조건에 맞지 않습니다.

Jump 5 영재교육원 입시대비문제 150쪽

1 34   2 3명

1 ★=1일 때 ♥=★+24=1+24=25이므로
▲=25+10=35
★=2일 때 ♥=★+24=2+24=26이므로
▲=26+10=36
★=3일 때 ♥=★+24=3+24=27이므로
▲=27+10=37
따라서 ▲와 ★의 차는 35−1=34, 36−2=34, 37−3=34, ……이므로 ▲−★=34입니다.

2 ㉠ (국어만 좋아하는 학생 수)
=(국어를 좋아하는 학생 수)
−(국어와 수학을 모두 좋아하는 학생 수)
=3−1=2(명)
㉡ (수학만 좋아하는 학생 수)
=(수학을 좋아하는 학생 수)
−(국어와 수학을 모두 좋아하는 학생 수)
=14−1=13(명)
(국어와 수학을 모두 좋아하지 않는 학생 수)
=(전체 학생 수)−㉠−㉡
−(국어와 수학을 모두 좋아하는 학생 수)
=19−2−13−1=17−13−1
=4−1=3(명)

MEMO

왕수학

정답과 풀이

왕수학

왕수학